图书在版编目（CIP）数据

虚拟现实在设计中的应用／赵一飞等编著．—武汉：武汉理工大学出版社，2022.9
ISBN 978-7-5629-6582-4

Ⅰ. ①虚… Ⅱ. ①赵… Ⅲ. ①虚拟现实－应用－产品设计－研究 Ⅳ. ① TB472

中国版本图书馆 CIP 数据核字（2022）第 078396 号

项目负责人：杨　涛
责 任 编 辑：胡璇小惠
责 任 校 对：张莉娟
装 帧 设 计：艺欣纸语
排 版 设 计：武汉正风天下文化发展有限公司
出 版 发 行：武汉理工大学出版社
社　　　址：武汉市洪山区珞狮路 122 号
邮　　　编：430070
网　　　址：http://www.wutp.com.cn
经　　　销：各地新华书店
印　　　刷：武汉市金港彩印有限公司
开　　　本：889×1194　1/16
印　　　张：9.5
字　　　数：411 千字
版　　　次：2022 年 9 月第 1 版
印　　　次：2022 年 9 月第 1 次印刷
定　　　价：98.00 元

数字媒体艺术与科学前沿丛书

虚拟现实

在 设 计 中 的 应 用

赵一飞　杨旺功　马晓龙　徐昱　编著

武汉理工大学出版社
WUHAN UNIVERSITY OF TECHNOLOGY PRESS

前言

虚拟现实（virtual reality，简称VR）是20世纪发展起来的一项全新的实用技术，是集计算机、电子信息、三维动画、数字影像、人机交互、创意设计等于一体的跨学科、跨领域的综合应用。它的基本实现方式是利用计算机，将虚拟和现实相结合，创建和生成一个虚拟世界或模拟环境，使用户沉浸到该环境中，从而给用户以环境沉浸感。随着社会生产力和科学技术的不断发展，虚拟现实技术取得了巨大进步，各行各业对虚拟现实技术的需求也日益旺盛，尤其是在医疗、军事、室内设计、工业设计、地产开发、文物古迹保护、展览展示设计以及游戏开发等方面有着广泛的应用前景。因此，虚拟现实领域必将成为一个新兴的、复合的技术应用领域。

本书共9章。第1章简要介绍了虚拟现实技术及相关技术，第2章讲解了虚拟现实的应用与展望，第3章介绍了虚拟现实系统的硬件设备，第4章综合叙述了虚拟现实开发工具，第5章介绍了虚拟现实项目的工作流程及注意事项，第6章介绍了虚拟现实开发语言——C#，第7章介绍了虚拟现实建模工具——3ds Max，第8章介绍了虚拟现实制作工具——Unity，第9章介绍了虚拟样板间装修设计平台开发。本书可作为各大高等院校虚拟现实技术、虚拟现实艺术设计、计算机应用技术等专业的教学用书，也可作为其他专业领域虚拟现实产品开发爱好者的学习参考用书。

本书由北京印刷学院新媒体学院数字媒体艺术专业教师赵一飞、杨旺功、马晓龙、徐昱编著，作者均为数字媒体艺术专业虚拟现实研究方向的一线教师，具有丰富的教学、科研和项目开发经验。参与本书资料整理的还有檀欣悦、申晓萌、陈宇、高豪彬、耿新等。

本书由北京印刷学院"虚拟现实产品交互设计"项目（项目编号：21090119021）资助出版。

目录

目录

虚拟现实技术及
相关技术概述

2014年，Facebook花费20亿美元收购了虚拟现实技术厂商Oculus，马克·扎克伯格本人也是虚拟现实设备的狂热支持者，称虚拟现实为下一个重要计算及通信平台，至此，引发了全球对虚拟现实的关注。随后，Google用看似玩笑又绝非玩笑的一个纸盒子Cardboard，与开源的Oculus Rift DK1，直接点燃了消费者、创业者和投资圈的巨大热情。当时，许多市场研究机构预测，全球的虚拟现实及增强现实市场，将在五年内达到百亿，甚至千亿级别的增长。2016年被誉为虚拟现实技术的元年，包括HTC Vive、Oculus Rift以及PSVR等众多重量级VR头戴设备都在2016年正式发售，给虚拟现实市场带来了爆炸性影响。这个发展了半个多世纪的高度技术化行业，转瞬间成为万众瞩目的焦点。

1.1 虚拟现实的基本概念

对于虚拟现实，社会层面是如何理解的呢？

虚拟现实技术是一种可以创建和体验虚拟世界的计算机仿真系统，它是一种多源信息融合的、交互式的三维动态视景和实体行为的系统仿真。它利用计算机生成一种模拟环境，从而使用户沉浸到该环境中。

VR=左右分屏？

VR=3D（甚至2D转制的）电影或游戏？

VR=头盔+电脑（要求高配台式机）+各种数据线和配件？

VR=纸盒（Cardboard）+凹凸镜片+手机？

曾经在2015年迅速红遍全球的Magic Leap概念应用，是虚拟现实么？

从商品化后的产品形态和应用形态来定义"虚拟现实"，很容易陷入混乱。那么，到底什么才是虚拟现实呢？

1.1.1 虚拟现实的定义

虚拟现实是一种以计算机技术为核心的现代高新技术，可以生成逼真的视觉、听觉、触觉一体化的特定范围的虚拟环境（virtual environment，简称VE），用户可借助必要的设备，以自然的方式与虚拟环境中的对象进行交互作用、相互影响，从而产生身临其境的真实感受和体验。虚拟现实的技术原理如图1.1所示。

1.1.2 虚拟现实的基本特征

沉浸感、交互性、构想性是VR系统的三个基本特征。也就是说，沉浸于由计算机系统创建的虚拟环境中的用户，可以借助必要的设备、以各种自然的方式与环境中的多维化信息进行交互作用、相互影响，获得感性和理性的认识，并能够深化概念、萌发新意。同时，作为高度发展的计算机技术在各种领域应用过程中的结晶和反映，VR技术具有以下主要特征：

（1）依托学科的高度综合化。VR不仅包括图形学、图像处理、模式识别、网络技术、并行处理技术、人工智能、高性能计算，而且涉及数学、物理、电子、通信、机械和生理学，甚至与天文、地理、美学、心理学和社会学等密切相关。

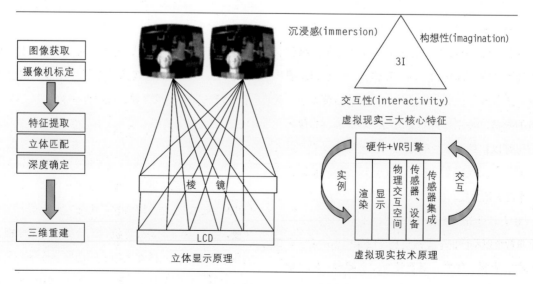

图1.1

（2）人的临场化。用户与虚拟环境是互相作用、互相影响的一个整体中的两个方面。

（3）系统或环境的大规模集成化。VR系统或环境是由许多不同功能、不同层次且具有相当规模的子系统所构成的大型综合集成系统或环境。

（4）数据表示的多样化和标准化，数据传输的高速化与数据处理的分布式和并行化。

1.1.3　虚拟现实系统的组成

一般的虚拟现实系统主要由专业图形处理计算机、应用软件系统、输入设备和演示设备等组成。虚拟现实系统的特征之一就是人机之间的交互性。为了实现人机之间充分交换信息，必须设计特殊输入工具和演示设备，以识别人的各种输入命令，且提供相应反馈信息，实现真正的仿真效果。不同的项目可以根据实际的应用有选择地使用这些工具，主要包括头戴式显示器、跟踪器、传感手套、房式立体显示系统、三维立体声音生成装置。

作为一套标准完善的虚拟现实系统，其主要由以下几个部分组成：

（1）三维的虚拟环境产生器及其显示部分

这是VR系统的最基础部分，它可以由各种传感器的信号来分析操作者在虚拟环境中的位置及观察角度，并根据在计算机内部建立的虚拟环境的模型快速产生图形、快速显示图形。这部分可将操作者的训练姿态与计算机图形的显示内容融合在一起，使操作者在训练时知道自己的状态。

（2）由各种传感器构成的信号采集部分

这是VR系统的感知部分，传感器包括力、温度、位置、速度以及声音传感器等，这些传感器可以感知操作者移动的距离和速度、动作的方向、动作力的大小以及操作者的声音。这部分可用于测定操作者训练的强度大小，测试操作者的脉搏、呼吸、关节的活动度和训练的力度等。产生的信号可以帮助计算机确定操作者的位置及方向，从而计算出操作者所观察到的景物，也可以使计算机确定操作者的动作性质及力度。

（3）由各种外部设备构成的信息输出部分

这是VR系统以不同的感觉通道反馈给操作者的部分，感觉包括视觉、听觉、触觉，甚至还可以有嗅觉、味觉等。正是这些丰富的感觉，才使得操作者能真正地沉浸于虚拟环境中，产生身临其境的效果。这部分中的动作器械可产生主动运动和抵抗运动，引导操作者进行被动或主动的动作训练；而其信息发生器则产生各种能使人感知的信息。

1.2　虚拟现实系统的分类

虚拟现实系统分为桌面式虚拟现实系统、沉浸式虚拟现实系统、增强式虚拟现实系统和分布式虚拟现实系统四大类。

1.2.1　桌面式虚拟现实系统

桌面式虚拟现实系统利用个人计算机和中低端图形工作站进行仿真，将计算机的屏幕作为用户观察虚拟现实世界的一个窗口。通过各种输入设备实现与虚拟现实世界的充分交互，这些外部设备包括位置跟踪器、数据手套、力反馈器、三维鼠标或其他手控输入设备。它要求参与者通过计算机屏幕观察360°范围内的虚拟现实世界，并使用交互设备来驾驭虚拟现实世界，但此时参与者缺少完全沉浸感，仍然会受到周围现实环境的干扰。桌面式虚拟现实系统最大的特点是缺乏真实的现实体验，但是成本也相对较低，因而应用比较广泛。常见的桌面式虚拟现实技术包括基于静态图像处理的虚拟现实（QuickTime VR）、虚拟现实造型语言（VRML）、桌面三维虚拟现实、MUD等。

1.2.2　沉浸式虚拟现实系统

高级虚拟现实系统提供完全沉浸感的体验，使参与者有一种置身于虚拟世界之中的感觉。沉浸式虚拟现实系统利用头盔显示器或其他设备，把参与者的视觉、听觉和其他感觉封闭起来，提供一个新的、虚拟的感觉空间，并利用位置跟踪器、数据手套或其他手控输入设备等使得参与者产生一种身临其境、全身心投入和沉浸其中的感觉。常见的沉浸式虚拟现实系统包括基于头盔式显示器的系统、投影式虚拟现实系统、远程存在系统。

1.2.3　增强式虚拟现实系统

增强式虚拟现实系统不仅利用虚拟现实技术来模拟现实世界、仿真现实世界，而且利用它来增强参与者对真实环境的感受，也就是增强现实中无法感知或不方便感知的感受。典型的实例是战斗机飞行员的平视显示器，它可以将仪表读数和武器瞄准数据投射到安装在飞行员面前的穿透式屏幕上，这样飞行员不必低头读座舱中仪表的数据。

1.2.4　分布式虚拟现实系统

如果多个用户通过计算机网络连接在一起，同时进入一个虚拟空间，共同体验虚拟经历，那虚拟现实则提升到了一个更高的境界，这就是分布式虚拟现实系统。在分布式虚拟现实系统中，多个用户可通过网络对同一虚拟世界进行观察和操作，以达到协同工作的目的。目前，最典型的分布式虚拟现实系统是SIMNET，SIMNET由坦克仿真器通过网络连接而成，用于部队的联合训练。通过SIMNET，位于德国的仿真器可以和位于美国的仿真器一样运行在同一个虚拟世界，参与同一场作战演习。

1.3　增强现实技术

增强现实（augmented reality，简称AR）也被称为扩增现实，增强现实技术是促使真实世界信息和虚拟世界信息内容融合在一起的新的技术，其将原本在现实世界的空间范围中比较难以进行体验的实体信息利用各种科学技术手段实施模拟仿真处理，并叠加虚拟信息内容在真实世界中加以有效应用，并且在这一过程中能够被人类感官所感知，从而实现超越现实的感官体验。真实环境和虚拟物体之间重叠之后，影像能够在同一个画面以及空间中同时存在。

增强现实技术不仅能够有效体现出真实世界的内容，也能够促使虚拟的信息内容显示出来，这些内容相互补充和叠加。增强现实技术中主要有多媒体和三维建模，以及场景融合等新的技术和手段，它所提供的信息内容和人类能够感知的信息内容之间存在着明显不同。

1.3.1　关键技术

（1）跟踪注册技术

为了实现虚拟信息和真实场景的无缝叠加，要求虚拟信息与真实场景在三维空间中进行"配准"，即跟踪注册。这包括使用者的空间定位跟踪和虚拟物体在真实空间中的定位两个方面的内容。而移动设备摄像头与虚拟信息的位置需要对应，这就需要通过跟踪注册技术来实现。跟踪注册技术首先检测需要"增强"的物体特征点以及轮廓，然后跟踪物体特征点自动生成二维或三维坐标信息。跟踪注册技术的好坏直接决定增强现实系统的成功与否。常用的跟踪注册方法有基于跟踪器的注册、基于机器视觉的跟踪注册、基于无线网络的跟踪注册和混合跟踪注册四

种。

（2）显示技术

增强现实技术显示系统是比较重要的组成模块，为了能够达到真实场景与虚拟信息的融合，提升实际应用便利程度，使用低响应度、色彩较为丰富的显示器是其重要基础。显示器包括头盔显示器和非头盔显示设备，透视式头盔能够为用户提供信息显示、环境录入、虚拟融合情境。在具体操作过程中，这些系统的操作原理和虚拟现实领域中的沉浸式头盔基本相同。其和使用者交互的接口及图像等综合在一起，使用更加真实有效的环境表现事实，使用微型摄像机拍摄外部环境图像，使计算机图像在得到有效处理之后，虚拟以及真实环境的图像能够得以叠加。光学透视头戴式显示器可以在这一基础上利用安装在用户眼前的半透半反的光学合成器，充分与真实环境融合在一起，真实的场景可以在半透镜的基础上为用户提供支持，并且满足用户的相关操作需要。

（3）虚拟物体生成技术

增强现实技术在应用的时候，其目标是使得虚拟世界的相关内容在真实世界中得到叠加处理，在算法程序的应用基础上，促使物体动感操作有效实现。当前虚拟物体的生成是在三维建模技术的基础上得以实现的，其能够充分体现出虚拟物体的真实感。在对增强现实动感模型研发的过程中，需要能够全方位和立体化地将物体对象展示出来。虚拟物体生成的过程中，自然交互是其中比较重要的技术内容，该技术能够对增强现实进行有效辅助，使信息注册更好地实现，并可利用图像标记实时监控外部输入信息内容，使得增强现实信息的操作效率进一步提升，从而保证用户在信息处理过程中可以有效实现信息内容的加工、提取等操作。

（4）交互技术

交互主要是为虚拟环境更好地呈现做准备，因此，想要得到更好的AR体验，交互技术就是重中之重。

AR系统的交互方式主要分为以下三种：

①通过现实世界中的点位选取来进行交互是最为常见的一种交互方式，例如最近流行的AR贺卡和毕业相册就是通过图片位置来进行交互的。

②将空间中的一个或多个事物的特定姿势或者状态加以判断，这些姿势都对应着不同的命令。使用者可以任意

改变和使用命令来进行交互，比如用不同的手势表示不同的指令。

③使用特制工具进行交互。比如谷歌地球利用类似于鼠标一样的东西来进行一系列的操作，从而满足用户对于AR互动的要求。

（5）合并技术

增强现实的目标是将虚拟信息与输入的现实场景无缝结合在一起。为了增强AR使用者的现实体验效果，不单单只考虑虚拟事物的定位，还需要考虑虚拟事物与真实事物之间的遮挡关系以及需具备四个条件：几何一致、模型真实、光照一致和色调一致，这四者缺一不可，任何一种缺失都会导致AR效果的不稳定，从而严重影响现实体验。

1.3.2　应用领域

随着AR技术的成熟，其被越来越多地应用于各个行业，如教育、医疗、广告、设计等。

（1）教育

AR以其丰富的互动性为儿童教育产品的开发注入了新的活力，儿童的特点是活泼好动，运用AR技术开发的教育产品更符合孩子们的生理和心理特性。例如，现在市场上随处可见的AR书籍，对于学龄前儿童来说，文字结合动态立体影像会让孩子快速掌握新的知识，丰富的交互方式更符合孩子们活泼好动的特点，进而提高孩子们的学习积极性。在中小学教育中AR也发挥着越来越多的作用，如一些危险的化学实验，深奥难懂的数学、物理原理都可以通过AR使学生快速掌握。

（2）健康医疗

近年来，AR技术也被应用于医学教育、病患分析及临床治疗中，如AR及VR技术被应用于微创手术中，降低了手术风险。此外，在医疗教学中，AR与VR技术的应用使深奥难懂的医学理论以形象立体、浅显易懂的形式呈现，大大提高了教学效率和质量。

（3）广告购物

AR技术可帮助消费者在购物时更直观地判断某商品是否适合自己，以做出更满意的选择。用户可以直观地看到不同的家具放置在家中的效果，从而方便选择，并添加到购物车。

（4）展品导览

AR技术被大量应用于博物馆对展品的介绍说明中，

该技术通过在真实展品上数字化叠加文字、图片、视频等信息为游客提供展品介绍。此外，AR技术还可应用于文物复原展示，即在文物原址或残缺的文物上通过AR技术将复原部分与残存部分完美结合，使参观者了解文物原来的模样，达到身临其境的效果。

（5）信息检索

当用户需要对某一物品的功能和说明清晰了解时，AR技术会根据用户需要将该物品的相关信息从不同方向汇聚并实时展现在用户的视野内。在未来，人们可以通过扫描人脸，识别此人的个人征信记录以及部分公开信息，这些技术的实现很大程度上降低了受骗概率。

（6）工业设计交互领域

AR技术最特殊的地方就在于其高度交互性，应用到工业设计中，主要表现为虚拟交互，通过手势、点击等识别来实现交互。将虚拟设备、产品展示给设计者和用户前，也可以通过部分控制实现虚拟仿真，模仿装配情况或日常维护、拆装等工作，此方式减少了制造浪费以及对人才培训的成本，大大改善了设计的体制，缩短了设计时间，提高了效率。

1.4　混合现实技术

混合现实（mixed reality，简称MR）技术是虚拟现实技术的进一步发展，该技术通过在虚拟环境中引入现实场景信息，在虚拟世界、现实世界和用户之间搭起一个交互反馈的信息回路，以增强用户体验的真实感，混合现实技术具有真实性、实时性、互动性、构想性等特点。

MR的实现需要在一个能与现实世界各事物进行交互的环境中。如果一切事物都是虚拟的，那就是VR的领域了。如果展现出来的虚拟信息只能简单叠加在现实事物上，那就是AR。MR的关键点就是与现实世界进行交互和信息的及时获取。

从概念上来说，MR与AR更为接近，都是一半现实一半虚拟影像，但传统AR技术运用棱镜光学原理折射现实影像，视角不如VR视角的大，清晰度也会受到影响。为了解决视角和清晰度问题，新型的MR技术将会投入在更丰富的载体中，除了眼镜、投影仪外，目前研发团队正在考虑用头盔、镜子、透明设备做载体的可能性。

混合现实是一个快速发展的领域，广泛应用于娱乐、工业、教育培训、医疗、房地产等行业，同时，在运营、物流、营销、服务等很多环节中得到应用。混合现实技术涵盖了增强现实技术的范围，与人工智能和量子计算一同被认为是未来三大显著提高生产效率和体验的科技。随着通信技术，尤其是5G网络的发展应用，未来将会有更多的行业会应用到混合现实技术。

2

虚拟现实的应用与展望

2.1 虚拟现实的应用领域

虚拟现实游戏所具有的逼真互动性，给互动娱乐提供了新的可能性，沉浸式的环境也预告着新世纪娱乐形式的到来。看到这里肯定有人会问，虚拟现实技术是不是只是一种娱乐技术？答案当然是否定的。在游戏市场之外，虚拟现实技术在医疗、军事、室内设计、工业设计、房地产开发、文物古迹保护等领域都有广泛的应用。VR这种"黑科技"不仅能改变人们生活的方方面面，还能通过"VR+"给各个产业带来革新。

（1）VR+医疗

VR+医疗主要是在三个方面得到应用。第一个是VR+治疗，VR+治疗主要体现在精神疾病的治疗、疼痛方面的管理、治疗和康复等方面。第二个就是VR+临床辅助，主要是作为临床的术前辅助。第三个就是VR+医学教育培训，当前国内医疗资源很不平衡，而医生基数在短期内又不可能迅速扩大，所以，提升现有医生的医术水平很有必要，通过VR技术能在一定程度上为贫困地区的医疗人员提供便捷的学习途径。

（2）VR+地产

地产分为很多不同的类型，有商业地产、园区地产、旅游地产、养老地产、海外地产等，VR+地产能为城市规划、园林规划、景区规划、样板间展示等很多方面提供便利。

VR技术与地产营销结合，可以让体验者在视觉上产生一种沉浸于"真实的"环境中的感觉，并可以在虚拟地产环境中随意走动，感受虚拟环境带来的视觉体验和冲击，引起轰动效应，从而吸引更多的眼球和注意力，最终提高楼盘的销量。

（3）VR+教育

在传统的教学中，部分场景有可能是教师无法用语言描述的，若这些场景能够展示出来，效果肯定要比用语言描述得好，就好比让学生直接看到人体器官，要比老师描述得更加生动直观。

VR+教育结合游戏化、情景转换等多种手段，能够有效解决教育难题，激发学生兴趣。利用VR技术的沉浸感，在虚拟场景下为学生提供实际操作机会，让学生在一个自然逼真的环境中参与互动，更能使学生的学习兴趣高涨，其对知识点的记忆更加牢固。

（4）VR+旅游

在旅游规划中应用 VR 技术，可以让旅游规划设计师将某旅游地的道路、建筑、景点、商业网点等大量信息建成数据库，并建成虚拟旅游仿真系统。旅游规划设计师可以

通过虚拟现实系统人机对话工具进入该虚拟世界，根据亲身观察和体验，认识、判断不同主导因素作用下各种规划方案的优劣，并辅助做出最终决策。

VR技术在旅游营销中的应用，目前体现在一些桌面式虚拟现实旅游宣传方面。例如，通过建立现有旅游景观的虚拟旅游系统可以起到预先宣传、扩大影响力和吸引游客的作用，而且在一定程度上能够满足一些没有到过该旅游地或没有能力到该旅游地的游客的游览需求。

（5）VR+军事

目前，VR技术在军事领域的应用主要体现在构建虚拟战场环境、单兵模拟训练、网络化作战训练、军事指挥人员训练、提高指挥决策能力、研制武器装备及进行网络信息战等方面。

总之，经过半个多世纪的演进和积累，虚拟现实正处在技术临界点，在全球范围内也正掀起VR商业化、普及化的浪潮。未来，VR技术在教育、旅游、医疗、体育等各个领域的应用将会越来越广泛，与普通人的关系也会越来越紧密。

2.1.1 军事领域

VR的出现对现代科技和生活产生了巨大的影响。现阶段VR已经在各领域取得了一定的突破，军事领域也不例外。利用VR技术的仿真模拟场景（图2.1）能够很好地让军事训练达到这个效果，而且尽可能让士兵避免死亡或是严重的伤害。

图2.1

VR这一新颖的技术已经被应用于军事领域中，涵盖了陆、海、空三大军种，这些应用目前是以军事训练为主要目的。

（1）作战训练和虚拟武器装备操作训练

利用VR技术可以模拟不同的作战效果，从而像参加实战一样，锻炼和提高参训人员的战术水平、心理承受能力和战场应变能力，如图2.2所示。

图2.2

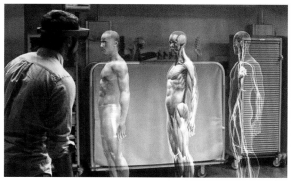

图2.3

（2）军事指挥人员训练

模拟合成出战场全景图，让受训指挥员通过传感器装置观察双方兵力部署和战场情况，以便判断、决策；对指挥决策人员提出的决策方案进行仿真分析，以便更好地为决策人员服务。

（3）网络化作战训练

网络化作战训练是指实现不同地域、相同环境的模拟协同作战训练。

（4）武器装备的研制与开发

设计者可方便自如地介入系统建模和仿真实验全过程，并让研制者和用户同时进入虚拟的作战环境中操作武器系统，检验设计方案、作战技术性能指标及其操作的合理性。

（5）网络信息虚拟战

把己方的虚拟信息，即假情报、假决心、假部署传输给敌方，迷惑敌人，诱敌判断失误；向敌方指挥官和士兵发布敌方军官假命令，使敌方军事行动陷入混乱。

2.1.2 医疗领域

在医疗领域，VR应用的研发主要以学术研究和发展为主导。在这个领域，早期的开发都会在保密状态下进行，相信在不久的将来，我们会看到更多有价值的产品。

（1）VR在医疗培训和教育中的应用

在过去几十年里，虚拟现实和仿真技术已经在医疗培训和教育领域中得到了应用。手术模拟器对于医师培训是非常有价值的，医院投入大量资金购买这种专业设备。随着视觉仿真与力反馈技术的结合，外科医生可以在手术过程中得到视觉和物理的反馈。

除了手术之外，VR对于护理人员、医生乃至患者来说，都是进行临床培训和教育的一种性价比高、安全有效的方式（图2.3）。相较于传统观看普通视频和书本，从业人员能在更具沉浸感、更接近真实的环境中学习相关知识。

（2）VR在临床医疗保健中的应用

在过去至少20年里，VR一直被用于治疗患有特殊疾病的病人，比如创伤后应激障碍（PTSD）、重度烧伤及恐惧症等。1997年以来，VR已被用于治疗患有PTSD的士兵。Bravemind是由Virtually Better研发的虚拟现实暴露疗法项目，其可以帮助临床医生逐渐将患者暴露于模拟的刺激环境中，诱发他们的创伤应急反应，从而帮助患者康复。结合虚拟现实的临床医疗保健研究的其他领域还有脑损伤评估和康复治疗、针对青年孤独症患者的社会认知训练、对焦虑症和抑郁症的治疗、中风康复、对儿童多动症的诊断和影像可视化的管理等。

（3）VR在消费者和门诊服务市场中的应用

在预防疾病方面，有些VR应用试图教育用户改变不良生活方式，包括吸烟、暴饮暴食和摄入不健康的食物等。预防性医疗保健和生活方式的大众教育是至关重要的，不良生活方式导致的疾病，如糖尿病，会给医疗系统带来巨大的财政压力。

健身和锻炼对于VR来说也是一个非常大的细分市场。像Runtastic这样的健身应用程序可以帮助用户合理锻炼身体，像Widerun、VirZoom这样的虚拟自行车和自行车健身系统可以让用户在任何条件下享受"户外运动"。而Icaros是一款看起来非常有趣的可以模拟飞行的健身游戏设备。

仅考虑医疗保健领域，VR的潜在应用价值都是巨大的。多年来，科学家和医学专家一直致力于开发、研究VR，通过利用VR技术的方法来帮助他们诊断病情、治疗患者及培训医务人员（图2.4）。

图2.4

2.1.3　文化、艺术和娱乐领域

娱乐方面是虚拟现实技术应用得最广阔的领域，从早期的立体电影到现代高级的沉浸式游戏，是虚拟现实技术应用较多的领域之一。丰富的感觉能力与3D显示世界使得虚拟现实成为理想的视频游戏工具，图2.5所示为游戏VR设备。由于在娱乐方面对虚拟现实的真实感要求不是太高，所以近几年来虚拟现实在该方面发展较为迅猛。作为传输显示信息的媒体，虚拟现实在未来艺术领域所具有的潜在应用能力也不可低估。

图2.5

虚拟现实所具有的临场参与感与交互能力可以将静态的艺术（如绘画、雕塑等）转化为动态的，可以使观赏者更好地欣赏艺术。如虚拟博物馆，利用网络或光盘等载体实现远程访问。另外，虚拟现实技术提高了艺术表现能力，如一个虚拟的音乐家可以演奏各种各样的乐器，观众远在外地，也可以在居室中去虚拟的音乐厅欣赏音乐会等。

（1）VR电影的制作

VR电影是一种很好地吸引观众眼球的方式，对于虚拟现实技术的成功应用具有关键作用。每一个热爱观看视频的人都是VR的潜在用户，电影产业上的成功会为VR带来极大的传播效应。但是要想做出一部制作精良的VR电影，既需要艺术才华，还需要技术技能。

Nurulize公司的CEO菲利普·伦恩（Philip Lunn）表示，VR电影制作人对于VR的技术细节仍然比较迷惑，拍摄电影的新工具和策略正在制定完善中，还有很多探索类的工作需要先行者来做。

当你拥有360°视野或者能够在场景内自由走动时，你会如何利用这个新媒介来讲故事？各种新问题由之而来，今天人们仍在寻求答案。因此，很多公司正在尝试给出解决方案，渴望找到利用这一新鲜事物的最佳方式，从而讲述精彩的故事，让观影者产生情感牵绊。

导演们对于VR给出了自己的答案。多伦多电影制片人艾利·瑞安（Elli Raynai）最近用逆向工程游戏软件创作了一部VR电影短片。捕捉素材仅仅只是开始，如何在二维的显示器上编辑360°的视频片段才是难点。

Nurulize公司拍摄的*Rise*就是利用现有的资源——CGI（电脑成像）对象和背景底片，再通过定制软件将它们渲染成可以从任意方向观看的VR影片，如图2.6所示。

图2.6

在VR电影中，电影制作人可以让观众置身于电影世界的任何位置，也许是在主角的旁边，也许是使其四处闲逛，看着发生的一切。

*Rise*融合了两种观影模式——由镜头剪辑和画外音推动的故事模式，以及可以在电影场景中随意走动的漫游模式。观众要适应这种灵活的VR观影方式可能还需要时间。

①VR厂商试图引导电影制作者

VR电影（图2.7）带来了太多的导演选项，而且稍有不慎，很可能造成观众心理不适，所以VR技术的开发商们都在试着为制作者们详细解释技术背后的原理。

图2.7

三星因此制作了*The Recruit*一片，虽然很短，但是制作精美，已经上线Milk VR（三星的360°全景视频播放体验服务，与Gear VR配套）。最近三星还计划打造全新的VR剧集。

谷歌针对初露头角的VR电影制作者公布了一个不太昂贵的方案：Google Jump，这是一个全新的开源VR平台，由16台GoPro相机阵列组成，可以拍摄360°的三维画面和视频。谷歌旗下的YouTube开始支持对360°视频的观看，为电影制作者提供了新的展示平台，如图2.8所示。

图2.8

两家大公司的做法截然不同。三星的虚拟现实设备Gear VR由Oculus提供技术支撑，希望能带给观众良好的观影体验，重要的是不产生心理不适感；而谷歌的做法似乎更倾向于培养电影制作人。

对于Oculus公司来说，在VR领域的工作偏向于合作伙伴的观点。继在戛纳电影节上呼吁影视人关注VR技术之后，Oculus也成立了自己的电影工作室——Oculus Story Studio，并已经出品了第一批电影项目。其中一部名叫*Henry*的作品，是关于一只刺猬的皮克斯式动画短片，观众不仅可以看电影，还能在不同场景之间穿梭移动，仔细观察电影中的世界。Oculus的另一部短片名叫*Lost*，观众被固定在适当的位置上，只有从特定角度凝视时动作才会进行下去。这是一种全新的艺术形式——电影、游戏和图画小说的混合体。关于场景、拍摄角度、演员步态和剪辑的旧规则都需要进行重新评估设计。

业界领先的虚拟现实解决方案厂商Next VR曾于2014年发布了世界首款VR 3D数字摄像机系统。2015年，Next VR成功地用Live VR系统（图2.9）测试直播了一场洛杉矶国王队与圣何塞鲨鱼队对决的NHL比赛，观众只要通过虚拟现实设备，并连接网络，就能身临其境地体验比赛现场。这次直播使用了两套虚拟现实摄像系统，一套为设立在冰场地面的180° VR摄像系统；一套为站台上的360° 全景VR摄像系统，这套系统采用了6个Red Epic Dragon摄像头，其可以提供实时360° 3D虚拟现实影像。

图2.9

②VR电影的行业工具

VR科技公司尽最大的努力吸引电影制作者，而很多电影制作专业人士则在等待技术的进步。

Nurulize公司利用现有的VFS视觉特效工具配合定制的软件将现在的CG效果做到了可用于制作VR电影的程度，如图2.10所示。VR技术的完善需要时间，就好像当年计算机图像技术和电影技术的发展一样，人们总是在不断的尝试中找出新方法。

图2.10

就目前而言，制造VR电影是一个耗时、复杂又昂贵的过程，不管是拍摄现实世界还是创建虚拟世界，都需要严格的扫描和编辑能力，而且专业设备的成本也很高。类似于Google Jump这种设备未来都具有很大的前景。虽然16台GoPro相机的成本也不低，但相对来说仍然是拍摄VR素材的廉价方式，而且操作简单，适合普罗大众。未来，VR设备的成本随着时间的推移都会降低的，目前要做的只有探索和等待。

将来，电影迷们就能体验到VR电影，而且不再需要多么复杂的头戴式设备。现在观看者已经可以不借助VR设备享受沉浸式视频了，例如YouTube的360° 全景视频，使用者只需简单地移动智能手机就能从不同角度观看视频。

（2）VR转播及直播

随着虚拟现实技术的不断发展和成熟，虚拟现实所涉及的领域已经从最开始的游戏、电影扩展到了运动员的训练以及晚会、体育赛事和新闻的转播上，例如Coldplay乐队曾与Next VR合作，推出虚拟现实演唱会；NBA曾与三星进行合作，为三星Gear VR用户提供赛事回放；ABC推出VR新闻报道"ABC News VR"，让用户"亲临"新闻现场。

VR设备最大的特点，就是能够带给人一种身临其境的感觉，如图2.11所示。当用户戴上VR设备观看内容，就好像进入另外一个世界，即使这个世界是虚拟出来的，且内容中的现实环境在千里之外。VR所涉及的领域有所改变的原因之一，是因为相对于游戏和电影，这些新领域的应用场景能够给用户带来更加真实的体验。

图2.11

而当大家觉得VR转播还很新鲜的时候，有些人已经往更远的方向走去。他们对转播还不满足，希望能够做到通过VR来进行直播，如图2.12所示。试想一下，假如我们能够利用VR设备来直接观看NBA赛事、观看那些大牌明星的演唱会，这是多么激动人心的事情。不过，在目前的技术条件下，想要真正做到能够具有身临其境效果的VR直播，还有一段很长的路要走。

图2.12

第一个是设备的问题。要看VR直播，你得先有个VR头显设备，如图2.13所示。目前市场上比较知名的VR头显设备有三星的Gear VR、Oculus的Oculus Rift、谷歌的Cardboard、索尼的PlayStation VR、HTC与Valve联合开发的HTC Vive，另外还有一些国产品牌。但其中的一些设备只有开发者版本，推出的消费者版本价格比较高昂，一般用户负担不起。一些价格相对较低的产品，所能够提供的VR效

图2.13

果并不尽如人意。更重要的是，目前VR头显设备的使用范围仍相对较小，除非是喜欢尝鲜的用户，否则很多人都不会为了观看一两次的比赛就去买个VR头显设备。

第二个是直播现场的技术问题。要拍摄一段VR视频，需要动用多个能够进行360°拍摄的摄像头，并且在拍摄之后需要进行一定的处理，以保证不同摄像头拍摄的视频画面不会出现衔接不上的问题。但在现场直播的条件下，是没有那么多的时间对视频进行处理的，这就是说，如果真要进行VR直播，在进行拍摄的时候，就必须要将这个问题处理好。而在这一点上，Next VR迈出了一步，它开发出了"光场"（light field）摄像技术，配备了光场技术的镜头，可以同时捕捉到整个背景的光场，如图2.14所示。而这就意味着，当我们在这种镜头下拍摄的短片中移动时，图像也会随之变化。这在某种程度上可以解决视频画面衔接的问题。

图2.14

如此看来，VR直播想要真正落到实处，还有很长的一段路要走。当然，在这个领域里，除了Next VR，还有不少公司在VR直播领域努力着，而且技术也一直在进步。比起VR，虽然AR可能会更适合用于电视直播，但是实现AR直播比VR直播的难度要高不少，我们还是先期待VR直播到来的那一天吧！

VR有望很快改变这一切，它将从诸多方面带来不同体验。观看VR电影时，我们的感官将沉浸于全新的空间中，甚至看上去还有点脱离现实。然而，我们离这一目标的实现还有差距。VR现今仍处于发展阶段，电影产业还无法完全利用这一技术。但唯一确定的是，VR在革新传统的观影方式上显示出巨大潜力。

3D是先于VR的技术先驱，使我们得以领略到VR的可能面貌。借助3D技术，我们能够将感官投入到自己眼前所见的世界。但是伴随着VR技术带来的突破，在不远的将来，我们便能最终摆脱3D。至于现在，作为现代观影体验中一个颇具娱乐性的元素，3D仍无法被抛弃。VR技术可以帮助电影制作者以更加激动人心、魅不可挡的方式展现自己的作品，但要想其成为不可或缺的工具，VR仍在前进的路上。

2.1.4 旅游商务领域

目前，虚拟现实技术更多地被应用于游戏领域。但是，在不久的将来，针对于旅游市场的虚拟现实技术应用，即虚拟现实旅游或将成为旅游业发展的真正突破口。它将让我们足不出户，便能"身临"全世界各处，进行旅游观光（图2.15）。

图2.15

（1）未来，你可以选择这样旅游

为了促进旅游业发展，加拿大不列颠哥伦比亚省（简称"BC省"）旅游局制作了名为 *The Wild Within VR Experience* 的虚拟现实视频。在对成品进行体验的过程中，用户借助Oculus Rift头戴式显示器，便能将BC省动人心魄的海洋、雨林、山地和野生动物以3D交互视频的形式、360°全景式收入眼底，恍如置身于BC省的广袤天地，景色着实令人叹为观止，如图2.16所示。

图2.16

BC省旅游局的CEO玛莎·瓦尔登（Marsha Walden）表示，虚拟现实技术非常适用于旅游行业，这种全新的沉浸式的体验方式将BC省的自然美景更完美地呈现。虚拟现实技术介入旅游业的初期可能更多的是为了营销，通过这种身临其境的前期体验吸引更多的游客前来，但未来的发展有可能是让游客完全以虚拟现实的方式完成整场旅行。

显然，虚拟现实旅游将成为未来旅行、观光的重要发展方向之一。但是，这并不是说人们不再需要亲身旅行，而是可以借助虚拟现实技术实现预览、规划、演示的目的，更轻松地制订行程和计划。同时，也能够让游客探

索一些无法企及的目的地。在这个过程中，游客不必舟车劳顿，不必坐飞机，不会出现时差综合症，不会碰上有臭虫、睡得不舒服的酒店大床，不用给小费……游客只需要一张舒适的椅子，就能够享受到一个很酷的新旅行目的地。

未来，我们还可以想像一下，基于虚拟现实条件，人们将可以在线上获得更多真实的旅游体验。就像Oculus Rift的广告所呈现的：我的脚分明还是我自己的，但当我向前一步，穿过地图的时候，一阵暖风迎面拂来，鼓起了我的衬衫。定神一看，我正站在夏威夷的海滩上！海浪扑上沙滩，水花四溅，落在我的脸上。我刚想伸出手去抚摸椰子树那婆娑的绿叶，脚下的沙滩突然晃动了起来，一瞬间我就被吸入了虫洞。下一秒，我发现自己正站在万豪酒店奢华的大堂吧里。

2014年，万豪国际酒店集团推出虚拟旅行体验活动——"绝妙的旅行"（travel brilliantly），在酒店里设立"传送点"，内置Oculus Rift头盔。用户可以通过Oculus Rift前往伦敦或是夏威夷。在这个过程中，用户如同站在一个球幕电影中，360°全角度（包括头顶、脚下）都是影像，真正实现身临其境。此外，谷歌的"虚拟历史"服务还可以带领用户到世界上任何人类无法进入的古迹，如完整的庞贝古城、神秘的金字塔内部等。

（2）旅游业将被虚拟现实颠覆

基于以上的信息，我们很清晰地看到：一方面，旅游产业面临的问题日益严峻；另一方面，新科技正在成为人们的另一选择，并且被越来越多的企业和个人消费者所喜爱。

据了解，国外初试水的虚拟现实体验服务，已经让一部分企业尝到了甜头。Thomas Cook在英国、德国和比利时等地的分店中，目前有十个是提供VR体验服务的。而Thomas Cook在提供VR体验服务后，纽约旅行项目营业收入已经增加了很多。

因此，当前正处于火爆发展阶段的虚拟现实技术与旅游业的结合，将是继游戏之外的一个新蓝海市场。而虚拟现实技术与旅游业的结合，目前主要体现在两大市场：

第一，旅游体验市场。对于大众而言，只要戴上专业设备，世界就在我们眼前。可以说是一种想看哪里就选哪里进行体验的虚拟旅游方式，这在物联网时代将会有很大的市场空间。

第二，虚拟旅游市场。虚拟现实技术与眼镜结合，一方面解决语言沟通的障碍，另一方面解决"私人导游"的问题，关键是还可以根据游客的偏好，借助于大数据推荐避开拥堵的行程，给游客一个愉悦的旅行体验。

现在虚拟现实技术正处在一个飞速发展的时期，逐渐改变传统旅游的一些问题，以下从三个角度来介绍：

①从景区景点等供应方角度

a. 结合空中无人机、湖面视觉艇、360°全景摄像头VR头戴式显示设备等以及视觉交互与同步联动系统，为游客提供革命性的全新风景体验方式。

b. 结合游戏、虚实交互体验平台与视频技术，为游客提供更具文化或娱乐感受的景区及历史、文化场景体验活动，为景区带来新的营收增长点与服务创新。

c. 虚实交互体验结合3D打印、AR拍照等技术，可促进周边文化创意产品销售。

d. 可在一线城市建设知名景区VR体验点，既能达到宣传作用，也能带来营业收入，更能成为实体景区门票销售的重要渠道。

②从旅行社为代表的服务方角度

通过VR技术能提供更多的营销与宣传手段，大大增强了身临其境的营销体验。举例来说，旅游宣传海报可以通过VR来呈现，让客户先体验。旅游业者可以让导游及随团工作人员佩戴智能眼镜，在遇到行程中的问题时可以通过第一视角的实时远程交流及时请总部或周边服务据点远程协助，甚至所有旅行社的网点、门店可以让想要挑选旅游行程的客户通过VR头盔的第一视角远程视频直播或是景区全景展示来挑选合适的旅游行程。

③从游客等消费方角度

a. VR技术使旅客实现在线全景实景旅游体验，这为更广泛与更特殊人群（老年人、儿童、残疾人等）领略自然之美、陶冶身心、理解环保重要性和生态价值提供了极好的体验与教育方式，是很好的公益项目。这些特殊人群足不出户就可以体验去威尼斯进行一次运河之旅，体验去美国大峡谷观赏世界自然遗产，体验去澳大利亚大堡礁看无脊椎动物，体验去非洲好望角看危崖峭壁、卷浪飞溅……

b. 通过智能眼镜实现的第一视角实时远程视频直播技术，游客可以在旅游时将自己眼前的美景与感动瞬间传送到自己的社交平台，进行实时影音分享，分享第一视角的感动与体验，甚至可以在为亲人朋友挑选礼物时进行第一视角的直播，并让对方提出意见。

VR与旅游的结合，创造了全新的旅游体验模式，改变了人们以往的旅游方式，颠覆了人们对旅游的认知，将成为未来旅行的一种重要发展方向。

2.1.5 教育培训领域

现在有很多人关注VR在教育行业的应用，有很多人会有这样的疑问：什么样的学科能够适用于VR呢？其实，自然科学、语言文化、人文历史都是可以适用的，比如自然科学

里面的生物、物理、化学，工艺加工、飞行驾驶这样的应用学科，还有历史、人文地理，以及语言学习、文化习俗等，凡是可视化的学科（图2.17）都能适用。那么什么样的学科是不太容易去可视化的呢？比如说逻辑学，还有一些数学领域中的概念，是比较难用VR去表现的。

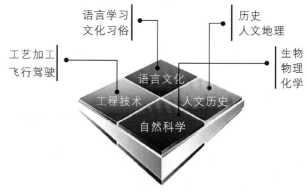

图2.17

虚拟现实在教育领域的应用场景很多，比如模拟身临其境的演讲环境、利用人脸识别匹配屏幕前的学生和教师、体验式学习，还有远程教学等。看过美剧*Silicon Valley*的，一定对Hooli的CEO Gavin远程会议那个状况频发的场景印象深刻，但当虚拟现实技术发展成熟、画面稳定流畅的时候，也许真的不用再亲自去课堂就能与你眼前的"老师"或"同学"对话了。VR对儿童学习很有帮助，一方面儿童可以通过场景化模式学习新事物，另一方面VR可以吸引儿童注意力，如图2.18所示。

图2.18

据了解，国内院校暂无在课堂上使用VR设备的案例。但清华大学、北京航空航天大学、上海交通大学等高等院校已在校内建立了虚拟现实技术实验室，主要从事VR的科学研究和技术开发。另悉，清华大学在计算机基础课程中，还增加了与虚拟现实相关的内容。课程介绍中称，教师将通过介绍VR技术的最新成果，帮助学生更深入理解VR技术，并预测VR未来发展方向。

2.1.6 城市规划领域

由于城市规划的关联性和前瞻性要求较高，城市规划

一直是对全新的可视化技术，尤其是对虚拟现实技术的需求较为迫切的领域之一。从总体规划到城市设计，在规划的各个阶段，通过对现状和未来的描绘（身临其境的城市感受、实时景观分析、建筑高度控制、多方案城市空间比较等），为改善生活环境，以及形成各具特色的城市风格提供了强有力的支持。规划决策者、规划设计者、城市建设管理者及公众，在城市规划中扮演着不同的角色，有效的合作是保证城市规划最终成功的前提。虚拟现实技术为这种合作提供了最理想的桥梁，利用虚拟现实技术能够使政府规划部门、项目开发商、工程人员及公众从任意角度实时互动，真实地看到规划效果，更好地掌握城市的形态和了解规划师的设计意图。这样，决策者的宏观决策将成为城市规划更有机的组成部分，公众的参与也能真正得到实现，这是传统手段，如平面图、效果图、沙盘乃至动画等所不能达到的。

2.1.7　航空航天领域

虚拟现实技术起源于航空工业，最早应用于飞行模拟仿真及平视显示等领域。航空工业长期从事虚拟现实技术领域的研发和应用，不仅有着齐全的专业门类，还有着深厚的技术积累和丰富的应用经验。因此，发展虚拟现实技术，航空工业是"专业"的；发展虚拟现实技术是航空工业走向信息化、智能化的必由之路，也为航空工业未来的产业拓展打下坚实的基础。

（1）飞机设计与制造

在飞机设计过程中，通过虚拟现实技术提前开展性能仿真演示、人机工效分析、总体布置、装配与维修性评估，能够尽早发现、弥补设计缺陷，实现"设计—分析—改进"的闭环迭代，达到缩短开发周期、提高设计质量和降低成本的目的。

（2）飞机内饰设计

虚拟现实技术应用于飞机内饰设计的概念设计、初步设计和细节设计三个阶段，为飞机内饰设计提供了一种可行、创新和高效的设计方法，大大提高了设计水平并节约了研发成本。

（3）飞机虚拟实训

①飞行驾驶虚拟实训

根据实际场景建立逼真的虚拟场景三维模型，实现对虚拟场景的实时驱动，进行飞行员的驾驶实训，增强飞行员的操作技能，加大飞行安全砝码，为航空工业飞行安全提供有力保障。

②空乘服务虚拟实训

模拟客舱场景及设备，让空乘人员熟悉客舱服务流程与要求，掌握客舱设备的构造、操作方法与服务等基本技能，了解飞机客舱服务操作规程，缩短训练周期，提高训练效益。

③飞机维修虚拟实训

虚拟现实技术可以模拟飞机零部件的维修步骤和方法，解决了飞机维修训练方法较少的问题，有效提高了训练效率和训练质量，避免各种飞机维修训练的不安全因素，减少训练费用。

（4）航天器飞行模拟

虚拟现实技术能对卫星、火箭等航天器的工作原理、工作状态进行3D模拟展示，将复杂的运行原理用三维可视化的形式逼真地展现出来。

虚拟现实技术也可应用于航天仿真研究中，对航天员的失重训练、航天器的在轨对接等航天活动进行逼真的模拟与分析，推动我国航天事业的发展。

①航天员训练器利用虚拟训练系统对航天员进行失重心理训练。

②利用虚拟现实技术可以更好地研究人与航天器之间的接口关系与功能分配，使舱内结构和布局更适合人的特征。

③虚拟现实技术可运用于航天器的人工控制交会对接中。

④在航天服和环境生保系统的设计与研制中，可利用虚拟现实技术进行原理设计、逻辑验证等。

2.2　虚拟现实的发展

2.2.1　虚拟现实的发展历史

20世纪以来的科学技术革命，尤其是20世纪90年代初涌现的信息革命，使得世界正在发生深刻的变化。身处信息时代的人们，正是借助计算机科学和技术来认识、处理和改造信息时代的世界。

然而，自从计算机诞生以来，传统的信息处理环境一直以计算机为中心，使"人适应计算机"，从而在很大程度上制约了人们以计算机为工具来认识和改造世界的能力。要实现以人为本，让"计算机适应人"，必须解决一系列技术问题，形成和谐的人机环境。虚拟现实技术就是解决这一类问题的方法之一。

1965年，美国ARPA信息处理技术办公室（IPTO）主任Ivan Sutherland发表了一篇题为*The Ultimate Display*的文章。该文章指出，应该将计算机显示屏幕作为"一个观察虚拟世界（virtual world）的窗口"，计算机系统能够使该窗口中的景象、声音、事件和行为非常逼真。Sutherland的这篇文章向计算机界提出了一个具有挑战性的目标,人们把这篇文章称为研究虚拟现实的开端。

1968年,Ivan Sutherland在麻省理工学院的林肯实验室研制出第一个头戴式显示器(head-mounted display,简称HMD),其可以跟踪用户头部的运动。当用户移动位置或转动头部时,用户在虚拟世界中所在"位置"和看到的内容也随之发生变化。人们终于通过这个"窗口"看到了一个虚拟的、物理上不存在的,却与客观世界的物体十分相似的"物体"。

看到虚拟物体的人们进一步想去控制这个虚拟物体,去触摸、移动、翻转这个虚拟物体。1971年,Frederick Brooks研制出具有力反馈的原型系统。用户通过操纵一个机械手设备,可以控制"窗口"里的虚拟机械手去抓取一个立体的虚拟物体,并且人手能够感觉到虚拟物体的重量。1975年,Myron Krueger提出"人工现实"(artificial reality)的概念,并演示了一个称为"videoplace"的环境。用户面对投影屏幕,摄像机获取的用户身影轮廓图像与计算机产生的图形合成后,在屏幕上投射出一个虚拟世界。同时,用传感器采集用户的动作,来表现用户在虚拟世界中的各种行为。

不断提高的计算机硬件和软件水平,推动着虚拟现实技术不断向前发展。1985年,加州大学伯克利分校的Michael McCreevey研制出一种轻巧的液晶HMD,并且采用了更为准确的定位装置。同时,Jaron Lanier与J. Zimmermn合作研制出一种弯曲传感数据手套,用来确定手与指关节的位置和方向。1986年,美国国家航空航天局(NASA)的Scott Fisher等人,基于HMD和数据手套研制出一个较为完整的虚拟现实系统VIEW(virtual interactive environment workstation),并将其应用于空间技术、科学数据可视化和远程操作等领域。

基于从20世纪60年代以来所取得的一系列成就,美国VPL公司的创始人之一Jaron Lanier在20世纪80年代初正式提出了"virtual reality"一词,简称为VR,中文译为"虚拟现实"或"灵境"。

2012年8月,一款名为Oculus Rift的产品进行众筹,首轮融资就达到了惊人的1600万美元,也是在这时,一些敏感的投资人与媒体突然注意到了这项名为虚拟现实的技术。一年后,Oculus Rift的首个开发者版本在其官网推出,但光芒却完全被同年上市的另一款设备——iPhone 4盖过,媒体与投资人都沉浸在乔布斯创造的智能机奇迹中无法自拔,而忽略了Oculus这个在一年前创造众筹奇迹的科技公司。但2014年,Facebook花费约20亿美元收购了Oculus。

在产业大势与疯狂资本的双重作用下,大批创业团队涌入VR行业,一时之间,"VR至上论"甚嚣尘上。

(1)1956年:Sensorama

1956年,摄影师Morton Heilig发明了Sensorama(图2.19),一款集成体感装置的3D互动终端,它集成了3D显示器、立体声音箱、气味发生器以及振动座椅,用户坐在上面能够体验到6部炫酷的短片,体感非常新潮。当然,它看上去硕大无比,更像是一台医疗设备,因此无法成为主流的娱乐设施。

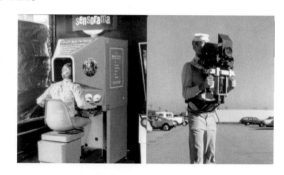

图2.19

(2)1961年:Headsight

1961年,Headsight问世,它是世界上第一款头戴式显示器,如图2.20所示。它由飞歌公司研发,融合CCTV监视系统及头部追踪功能,但本质上,它的主要目的是用于隐秘信息查看,而非娱乐。

图2.20

(3)1966年:GAF Viewmaster

这款GAF Viewmaster(图2.21)是最早的3D头戴式设备之一,通过内置两块镜片来观赏幻灯片,具有一定的3D效果,但更像是儿童玩具,而非专业的影音设备。其后续版本还加入了音频功能,实现了简单的多媒体功能。

图2.21

（4）1968年：Sword of Damocles

1968年问世的Sword of Damocles（达摩克利斯之剑），是麻省理工学院实验室研发的头戴式显示器（图2.22），其设计非常复杂，组件也非常沉重，其需要一个机械臂吊住头戴式显示器来使用。

图2.22

（5）1980年：Eye Tap

这款Eye Tap（图2.23）看上去与微软的HoloLens非常相似，严格意义上它也的确是一款增强现实设备，可以连接计算机摄像头，将数据叠加显示在眼前。Eye Tap对于虚拟现实技术的发展还是具有一定意义的。

图2.23

（6）1984年：RB2

RB2（图2.24）可以说是第一款商业虚拟现实设备，其设计与目前主流产品已经非常相似，并且配有体感追踪手套。然而，其最低售价高达50000美元，在1984年无疑是天价。

图2.24

（7）1985年：NASA头戴式显示器

1985年，NASA研发出真正的LCD光学头戴式显示器（图

2.25），其设计结构被目前的虚拟现实头戴式显示器广泛采用，只不过将LCD换为更低功耗、显示效果更好的OLED。另外，它还具有头部、手部追踪系统，可实现更加沉浸式的体验，被用于模拟太空作业等方面。

图2.25

（8）1993年：世嘉VR

著名游戏厂商世嘉曾计划在1993年发布基于其MD游戏机的虚拟现实头戴式显示器（图2.26），该设备看上去非常前卫。遗憾的是，在早期非公开试玩测试中，测试者反应平淡，最终世嘉以"体验过于真实、担心玩家会受到伤害"为理由，取消了该项目。

图2.26

（9）1995年：任天堂Virtual Boy

1995年，任天堂公司发布了32位游戏机Virtual Boy（图2.27），这是一款非常另类的游戏机，其主机是一个头戴式显示器，但只能显示红黑两色。另外，碍于当时技术限制，游戏内容基本上都是2D效果，再加上较低的分辨率和刷新率，极易使用户产生眩晕和不适感。最终，任天堂的虚拟现实游戏计划不到一年时间便宣告失败。

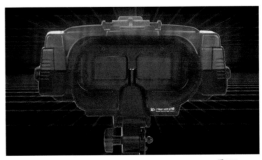

图2.27

（10）1995年：CAVE

1995年，伊利诺伊大学的学生们研发出"CAVE"虚拟现

实系统（图2.28），通过创建一个三壁式投影空间，配合立体液晶快门眼镜，来实现沉浸式体验，对现代虚拟现实技术起到了极大的推动作用。

图2.28

（11）2009年：Oculus Rift

毫无疑问，Oculus Rift（图2.29）复兴了虚拟现实技术，把它重新带回大众视野中。2009年，其创始人在Kickstarter上发起众筹活动，在很短时间内便获得超过10000个支持者，备受关注。此后，第三方资金不断涌入，让Oculus Rift得以高速发展。

图2.29

2.2.2 虚拟现实的发展趋势

未来的虚拟现实生活可能是这样的：

你蜷缩在客厅的沙发上，用手机选好想看的电影，戴上VR眼镜，然后进入一个现代的虚拟IMAX影厅。这是你自己的包场，你可以邀请远在另一个城市的好友和你一起观影，他（她）就坐在你的旁边，你们可以一边看一边语音聊天，不用担心吵到别人，不会被不讲公德接电话的人打扰，周围没有韭菜盒子的气味，也没有后排突然踹你椅背一脚的小朋友。

电影开始，你可以选择继续在虚拟IMAX厅观看，也可以选择进入电影场景。如果你选择进入场景，汤姆·汉克斯或者安妮·海瑟薇可能就在你身边，甚至还有可能向你点头致意。一只萤火虫飞来，你可以用手指与它互动。你可能像坐滑翔伞一样飞过一片森林，可能在枪林弹雨中左躲右闪，也可能在海底与大白鲨擦肩而过。你可能站在一个岔路口，选择向哪里走将决定你看到的故事。

VR的应用绝不仅仅局限于电影这一个领域。未来，你戴上眼镜，可以立刻出现在演唱会或者世界杯比赛的现场。夜深人静你想和远在地球另一半的闺蜜通个电话，拨通电话后，你就坐到了她的对面。哪里发生重大新闻事件，你都可以瞬间成为新闻的现场目击者。

在未来，VR技术应用到人们生活的方方面面时，你可以与其他人一起在虚拟世界中读书、看电影……这一切都没有地理上的限制，而且沉浸的VR体验让这一切感觉到异常地真实，这种方式将大大改变人们的社交方式，由VR技术构成的虚拟新世界，将成为人们交流沟通的新社交平台。

3

虚拟现实系统的硬件设备

虚拟现实的硬件设备主要包括输入设备、输出设备、虚拟世界生成设备三个部分。虚拟世界生成设备是基本构成系统之一，主要是作为运算的端口，在这里就不再详细介绍了，接下来我们重点介绍虚拟现实的输入设备和输出设备。

3.1 虚拟现实输入设备

虚拟现实的输入设备一般包括三维位置跟踪器、漫游和操纵设备、手势接口设备。三维位置跟踪器主要包括机械跟踪器、电磁跟踪器、超声波跟踪器、光学跟踪器和混合惯性跟踪器等。漫游和操纵设备包括三维鼠标、跟踪球、三维探针，可以通过其相对位置和速度控制虚拟对象。手势接口设备主要是指数据手套，数据手套一般按功能需要可以分为虚拟现实数据手套和力反馈数据手套。

3.1.1 三维位置跟踪器

三维位置跟踪器是作用于空间跟踪与定位的装置（图3.1），一般与其他VR设备结合使用，如数据头盔、立体眼镜、数据手套等，使参与者在空间中能够自由移动、旋转。三维位置跟踪器有三个自由度和六个自由度（六个自由度虚拟物体包括三个平移自由度和三个旋转自由度）之分。

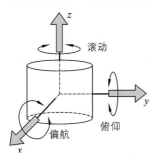

图3.1

在虚拟现实技术中用来测量三维对象位置和方向实时变化的专门硬件设备称为跟踪器，跟踪器用来测量用户手腕和头部等"对象"相对于固定坐标系统的运动量。

当接收传感器在空间移动时，能够精确地计算出其位置和方位。由于跟踪器提供了动态的、实时的六个自由度的测量位置（笛卡尔坐标）和方位（俯仰角、偏航角、滚动角），因此它消除了延迟带来的问题。无论在虚拟现实应用领域，还是在控制模拟器的投影机运动时，以及在生物医学的研究中，它都是测量运动范围和肢体旋转的理想选择。它速度快、精确度高，同时容易使用。

三维位置跟踪器有电磁跟踪器、超声波跟踪器、机械跟踪器、光学跟踪器和混合惯性跟踪器。其中，使用最为普遍的是电磁跟踪器和光学跟踪器，机械跟踪器一般是在特定情况下使用，超声波跟踪器则使用得较少。混合惯性跟踪器是一种比较新的跟踪器，它技术更先进，前景比较好。

（1）机械跟踪器

机械跟踪器由一个串行或者并行的机构组成，该运动结构是由多个带有传感器的关节连接在一起的连杆构成，如图3.2所示。机械跟踪器的优点是延迟时间极短，同时也不受磁场的影响。它的缺点是，由于其结构的原因，用户运动的自由度不高。

图3.2

（2）电磁跟踪器

电磁跟踪器是一种非接触式的位置测量设备，它是通过一个固定发射器产生的电磁场来确定移动接收单元的实时位置，如图3.3所示。这种跟踪器的优点是灵活度比较高。它是一种广泛使用的跟踪器。

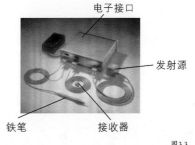

图3.3

（3）超声波跟踪器

超声波跟踪器跟电磁跟踪器一样，也是一种非接触式的位置测量设备，它是由固定发射器产生的超声信号来确定移动接收单元的实时位置，如图3.4所示。这种跟踪器的优点也是灵活度比较高。但超声波跟踪器容易受到空气的温度和其他噪声的影响，相比电磁跟踪器，它的刷新率较低。

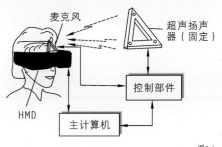

图3.4

（4）光学跟踪器

光学跟踪器也是一种非接触式的位置测量设备，它使用光学感知来确定对象的实时位置和方向。光学跟踪器一般又分为标定和非标定两种。

当前，虚拟现实的动作输入设备一般都是采用光学跟踪器。光学式运动捕捉通过对目标上特定光点的监视和跟踪来实现，如图3.5所示。目前，常见的光学式运动捕捉大多基于计算机视觉原理。从理论上说，对于空间中的一个点，只要它能同时为两部相机所见，则根据同一时刻两部相机所拍摄的图像和相机参数，可以确定这一时刻该点在空间中的位置。当相机以足够高的速率连续拍摄时，从图像序列中就可以得到该点的运动轨迹。典型的光学式运动捕捉系统通常使用6～8个相机环绕表演场地排列，这些相机的视野重叠区域就是表演者的动作范围。为了便于处理，通常要求表演者穿上单色的服装，在身体的关键部位，如关节、髋部、肘、腕等位置贴上一些特制的标志或发光点，称为marker，视觉系统将识别和处理这些标志。系统定标后，相机连续拍摄表演者的动作，并将图像序列保存下来，然后再进行分析和处理，识别其中的标志点，并计算其在每一瞬间的空间位置，进而得到其运动轨迹。为了得到准确的运动轨迹，相机应有较高的拍摄速率，一般要达到每秒60帧以上。

光学式运动捕捉的优点是无电缆、机械装置的限制，表演者活动范围大，可以自由地活动，使用非常方便。其采样速率较高，可以满足多数高速运动测量的需要。同时，marker的价格也比较便宜，方便扩充。

从里向外看的光学跟踪器对于方向上的变化是最敏感的，因此，在HMD的跟踪中非常有用。它的工作范围理论上是无限远的，因此，对墙式和房间式图形显示设备来说非常有用。光学跟踪器的布置如图3.6所示。

（5）混合惯性跟踪器

混合惯性跟踪器是一种检测和测量加速度、倾斜、冲击、振动、旋转和多自由度运动的传感器。混合惯性传感器是解决导航、定向和运动载体控制的重要部件。混合惯性跟踪器的优点是金属物体、磁场对它没有干扰，它的跟踪范围大，可以实现全室追踪。它是一项新技术，应用前景非常广阔。

3.1.2 漫游和操纵设备

漫游接口能够控制虚拟对象的相对位置，操纵接口能够通过姿态识别控制虚拟对象，并与其交互操作。漫游和操纵设备包括三维鼠标、跟踪球、三维探针，图3.7所示为

图3.5

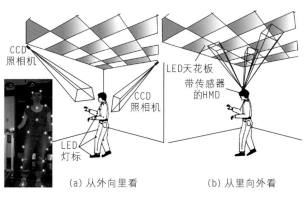

(a) 从外向里看　　　(b) 从里向外看

图3.6

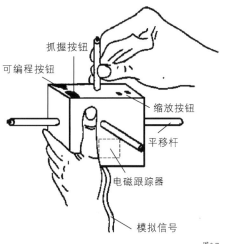

图3.7

三维鼠标的示意图。

3.1.3 手势接口

手势接口是用来测量用户手指（有时也包括手腕）实时位置的设备，其目的是为了实现与虚拟环境的基于手势识别的自然交互。

在虚拟现实中，手是用户模型中非常重要的动作和感知关系模型，人的行为特征是人机交互的重要研究内容。在虚拟环境中用手来实现抓取、释放物体，以及飞行、漫游、导航等三维交互任务和技术。以往是利用人的触摸行为和计算机的反应来获得基于人机交互的手段，一般采用硬件设备（如空间球、6D操纵杆、6D鼠标等）来实现。但也可以使用人的自然技能，通过计算机非接触式观察用户的动作，来实现人机交互，这是一种通过手势识别来了解用户意图、有应用前景的三维交互新技术。

手势接口主要以数据手套为主，数据手套一般按功能需要可以分为：虚拟现实数据手套和力反馈数据手套。

虚拟现实数据手套是一种多模式的虚拟现实硬件，通过软件编程，可在虚拟场景中实现抓取、移动、旋转物体等动作，也可以利用它的多模式性，当作一种控制场景漫游的工具。数据手套的出现，为虚拟现实系统提供了一种全新的交互手段，目前的产品已经能够检测手指的弯曲度，并利用磁定位传感器来精确地定位出手在三维空间中的位置。这种结合手指弯曲度测试和空间定位测试的数据手套被称为"真实手套"，可以向用户提供一种非常真实自然的三维交互手段。

力反馈数据手套可以借助数据手套的触觉反馈功能，让用户能够用双手亲自"触碰"虚拟世界，并在与计算机制作的三维物体进行互动的过程中真实地感受到物体。触觉反馈能够营造出更为逼真的使用环境，让用户真实地感受到物体的移动和反应。此外，系统也可用于数据可视化领域，其能够探测出地面材料密度、磁场强度、含水量、

危害相似度，或与光照强度相对应的振动强度。

虚拟现实数据手套的代表品牌主要有5DT、CyberGlove、Measurand、DGTech、Fakespace等。力反馈数据手套的代表品牌主要有Shadow Hand、CyberGlove等。

图3.8为Measurand ShapeClaw数据手套。

图3.8

由荷兰初创公司Manus设计的Manus无线VR手套（图3.9）是业内非常有名的一款数据手套，它可以通过传感器把手套的各种动作映射到VR中。但它的缺点是只能够做到追踪手部的动作，而无法追踪整个手臂或者整个人在空间中的移动和方向的变化，如果想要追踪手臂或者整个人的动作，就需要和现有的VR设备及控制器配套使用才能有理想的效果。

Power Claw手套（图3.10）是有线传输，它的优点是在用户体验VR时，能给用户带来冷热、振动和粗糙感等触觉。它的缺点也非常明显，由于受传输线的限制，自由度不高。在Power Claw手套的拇指、食指以及中指处各有一个传感器，这些传感器可以通过电路将不同感觉的信号传回电脑。Power Claw手套除了应用于VR，也被用于教育、医学等更具有意义的场景中。

3.2 虚拟现实输出设备

虚拟现实输出设备大致可分为图形显示设备、三维声音显示设备和触觉反馈设备三大类。图形显示设备从大类上分为个人图形显示设备和大型显示设备。三维声音显示设备是一类计算机接口，能给与虚拟世界交互的用户提供合成的声音反馈，声音可以是单声道的，也可以是双声道

图3.9

图3.10

的。触觉反馈设备包括两种,分别是接触反馈设备和力反馈设备。

3.2.1 图形显示设备

图形显示设备也是一种计算机接口设备,它把合成的图像展现给与虚拟世界进行交互的一个或多个用户。

在详细介绍图形显示设备之前,先来了解一下人类的视觉系统。视网膜的中心区域(绕眼睛视轴几十度的范围)是高分辨率的色彩感知区,周围是低分辨率的运动感知区。人类视觉系统的另一个重要特性是视场。一只眼睛的水平视场大约为150°,垂直视场大约为120°;两只眼睛的水平视场大约为180°,垂直视场大约为120°。当两只眼睛定位于同一幅图像,水平重叠部分大约为120°。图3.11所示为人类立体视觉的生理模型。

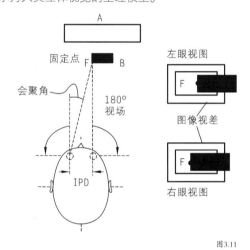

图3.11

(1)个人图形显示设备

个人图形显示设备通常是指为单个用户输出虚拟场景的图形显示设备。

常用的个人图形显示设备有头戴式显示器、手持式显示器、地面支撑显示设备和桌面支撑显示设备等。

①头戴式显示器

头戴式显示器的示意图如图3.12所示。

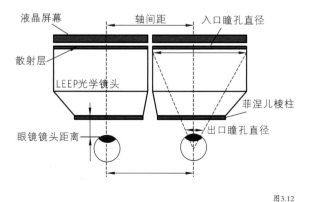

图3.12

当前,根据接入终端的不同,一般将VR头戴式硬件设备粗略地分为三类,即VR头盔、VR眼镜和VR一体机。VR头盔是通过连接PC/游戏机来使用;插入手机使用的称为VR眼镜(又叫眼镜盒子);能够独立使用的头戴式硬件称为VR一体机。它们各自的使用方式、特点和代表产品如表3.1所示。

表3.1 VR头戴式硬件设备使用方式、特点及代表产品

名称	使用方式	特点	代表产品
VR头盔	连接PC/游戏机使用	速度快,体验较好,适合比较复杂的使用场景	Oculus Rift、索尼PS VR、HTC Vive
VR眼镜	插入手机使用	使用场景灵活,但体验受到手机性能的制约较大,沉浸感不足	三星Gear VR、谷歌Cardboard、暴风魔镜
VR一体机	可独立使用	使用场景灵活,用户体验较佳,但成本较高,技术也相对不成熟	SimLens、灵镜小黑、暴风魔镜"魔王"

a. PC/游戏机端VR头盔

搭配PC或游戏机使用的VR头盔是技术发展得相对较成熟的显示器,现在基本具备了强大的终端运算能力,能够提供非常出色的沉浸式体验。在所有VR硬件产品类别中,VR头盔占据主流地位,像Oculus、索尼、HTC三大厂商的代表产品均为VR头盔。尽管如此,VR头盔显示的技术仍在不断完善之中,尤其是在分辨率、可视角度、刷新率、用户佩戴舒适度等方面,仍然有非常大的改进空间。一些企业也在探索投影式VR头戴式设备显示方式,还有些科研机构在进行光学方面的研究,希望可以研发出更适合VR头盔的镜片。

VR头盔的标准使用场景是在室内,它有些类似于家用游戏机,但便利性较差,而且当下PC端流量向移动端转移,PC产业链老化,技术人才的储备面临危机。因此,业内人士普遍分析认为,VR头盔不会成为面向个人消费者市场的主流设备。综合各方面因素来看,VR头盔或许会在企业级市场能得到广泛应用,但较难在普通用户群中得到普及。

在各大厂商推出的VR头盔中,公认性能最优异的是Oculus Rfit、索尼PS VR以及HTC Vive。国内也有乐相科技的Deepoon E2、3Glasses的D2开拓者版等产品。

b. 移动端VR眼镜

VR头盔一般认为是面向企业的虚拟现实"高端产品",相对而言,VR眼镜则是目前最接近普通消费者的一种产品形态。谷歌Cardboard就是一个以透镜、磁铁、魔鬼毡以及橡皮筋组合而成的,可折叠的智能手机头戴式显示器。人们一般将Cardboard这样的产品通俗地称为"眼镜盒子",这类"眼镜盒子"的开发成本和技术门槛都相对较低,早期厂商所推出的移动VR硬件产品,大多属于这一类

型。

而三星与Oculus联合研发的Gear VR，则是目前业内公认的体验感最好的移动VR设备之一，几乎可以与PC端VR头盔相媲美，它同样也是插入手机使用。

c. VR一体机

VR一体机既能够克服PC端头盔使用场景受限的问题，性能上又强于VR眼镜，但目前的问题在于技术门槛过高，很难真正兼顾"轻便"与"性能"，售价也比较昂贵，短期内不会成为VR硬件的主流形态。但随着技术的进步和元件微型化的发展，VR一体机在未来或许能获得更广泛的应用。

②手持式显示器

手持式显示器（hand-supported displays，简称HSD）引入了用于与虚拟场景进行交互的按钮。用户用一只手或两只手拿着它，可以定期地观看合成场景。

③地面支撑显示设备

地面支撑显示设备（counterbalanced CRT-based stereoscopic viewer，简称CCSV）是由机械臂支撑设备自重的显示设备，这种显示设备的特点是低延迟，但自由度不高。

④桌面支撑显示设备

桌面支撑显示设备的优点是不受重量影响，也不需要穿戴任何视觉设备，缺点是自由运动时会受到一定的限制，同时，图像的水平分辨率受到一定的限制。

（2）大型显示设备

大型显示设备是指允许靠得很近的多个用户同时观察虚拟世界的立体图像或单视场图像的图形显示设备。

根据形态，大型显示设备分为基于监视器（单个或并

排放置的多个）和基于投影仪两类。

①基于监视器的大型显示设备

基于监视器的大型显示设备如图3.13所示。

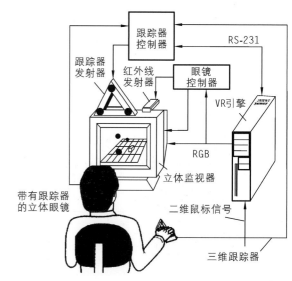

图3.13

基于监视器的大型显示设备目前主要包括有源立体眼镜（主动立体眼镜）和无源立体眼镜（被动立体眼镜）两类。它们的工作原理都是基于光的偏正成像的，如图3.14所示。

②基于投影仪的大型显示设备

a. 工作台式大型显示设备

工作台式大型显示设备如图3.15、图3.16所示。

b. 洞穴沉浸式显示设备

洞穴沉浸式显示设备如图3.17所示。

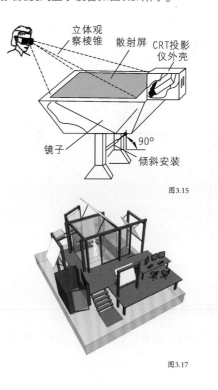

图3.15

图3.14

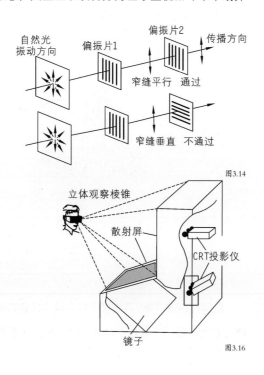

图3.16

图3.17

c. 投影仪阵列显示设备

投影仪阵列显示设备是由许多功能相同的投影仪组成的大型显示设备，如图3.18所示。

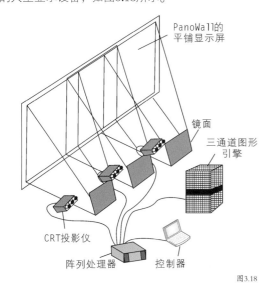

图3.18

3.2.2 三维声音显示设备

三维声音显示设备是一类计算机接口，它能给与虚拟世界交互的用户提供合成的声音反馈。声音可以是单声道的（两只耳朵听到相同的声音），也可以是双声道的（每只耳朵听到不同的声音）。

声音被外耳（耳廓）反射后进入内耳，来自头顶与来自前方的声源有不同的反射路径，一些频率被放大，另一些被削弱，由此造成声差，如图3.19所示。

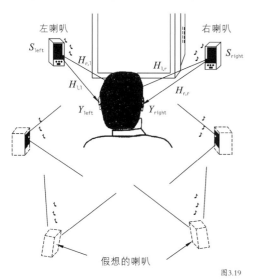

图3.19

3.2.3 触觉反馈设备

触觉反馈设备一般包括接触反馈设备和力反馈设备两种。

（1）接触反馈设备

接触反馈是指通过设备来传递虚拟物体被接触物表面的几何结构、虚拟对象的表面硬度、滑动和温度等相关的实时信息。它不会主动抵抗用户的触摸运动，不能阻止用户穿过虚拟表面。

接触反馈常见的设备有：触觉鼠标、温度反馈手套、CyberTouch手套等。

（2）力反馈设备

力反馈设备可以提供虚拟对象表面的柔顺性、对象的重量和惯性等相关的实时信息。力反馈可以主动抵抗用户的触摸运动，同时，如果反馈力比较大，还能阻止该运动。

常见的力反馈设备有以下几种：

①Phantom臂

Phantom臂如图3.20所示。

图3.20

②力反馈操纵杆

力反馈操纵杆如图3.21所示。

图3.21

③CyberGrasp手套

CyberGrasp手套（图3.22）是一款设计轻巧而且有力反馈功能的装置，这套装置就像盔甲一样附在手上。穿戴者可以通过CyberGrasp手套的力反馈系统去触摸电脑内所呈现的3D虚拟影像，触碰的感觉非常真实，就跟接触到真实物体的感觉是一样的。

使用者手部用力时，力量会通过外骨骼传导至与指尖相连的肌腱。一共有五个驱动器，每根手指对应一个，分别进行单独设置，可避免使用者手指触摸不到虚拟物体或对虚拟物体造成损坏。高带宽驱动器位于小型驱动器模块内，可放置在桌面上使用。此外，由于CyberGrasp系统不提供接地力，所以驱动器模块可以与GrapPack连接使用，其具有良好的便携性，并扩大了有效工作区。

图3.22

④CyberForce

CyberForce（图3.23）也是类似于手套的设备，它不

仅可将逼真的力道从手掌传达到手臂，还提供了六个自由度的位置追踪，可以准确地测量出三维空间中手掌的移动与转动。CyberForce还能与CyberGrasp搭配使用，搭配使用时，可以体验举起虚拟物件的重量与惯性，或体验撞上虚拟墙而受到的阻力，这种感觉非常真实。

3.3 关于虚拟现实硬件设备的几个问题

VR行业创业门槛看似不高，有硬件生产经验就能转型，但其实对创业者要求极高。新兴的产业和概念以及软硬件结合的方向，不仅有技术上的要求，更要求创业者对行业有很深的理解和预判能力。

3.3.1 虚拟现实设备的技术指标

目前阶段的虚拟现实技术主要是模拟现实中的视觉和听觉信息，达到一定程度上的虚拟现实的效果。场景中人体运动的姿势或运动数据可以被捕捉，计算机可以根据人体的姿势或动作实时更新图像。以前，硬件运算速度等技术因素导致图像的更新速度较慢，延迟达到了100ms，使得很多用户产生较大的不适应感，因此感觉到头晕。现在，随着计算机运算速度的提高，延迟越来越小，已经基本解决了困扰虚拟现实用户几十年的眩晕问题，如索尼的PS VR（图3.24）。

人脑产生立体感的原因是双眼的观察角度和位置不

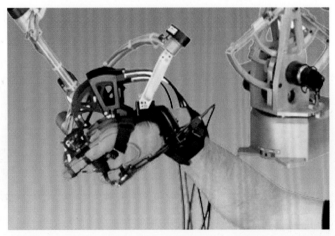

图3.23

图3.24

同，经过大脑的处理得到立体的图像。计算机在输出图像的时候，也是模拟双眼的位置和角度，对左右眼产生相应的图像，如图3.25所示，最后在大脑中产生立体的效果。

图3.25

3.3.2 虚拟现实设备的三大影响因素

目前，虚拟现实设备的主要技术指标有延时、屏幕分辨率和尺寸以及透镜。

（1）延时

延时是虚拟现实设备最为重要的参数之一，其决定了佩戴者是否会晕眩。目前市面上所有虚拟现实设备的延时由4种延时构成（图3.26），其中，屏幕延时和显卡处理延时为主要因素。其原因如下：

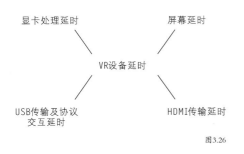

图3.26

若屏幕刷新率为60Hz，显卡处理频率为50fps，则最终以显卡处理频率的50fps为主，也就是50Hz，折算成延时就是20ms。

若屏幕刷新率为60Hz，显卡处理频率为120fps，则最终以屏幕刷新率的60Hz为主，折算成延时就是16.6667ms。

①屏幕延时

屏幕延时是最受关注的参数，其计算方式为：若一块屏幕的刷新率是60Hz，则意味着画面是每秒钟（1s=1000ms）更新60次，则其延时就是16.6667ms。

②显卡处理延时

虚拟现实中的延时主要是显卡造成的，显卡性能的差别造成的延时差别也非常大。

③HDMI传输延时

HDMI传输的延时是固定的，为1ms。

④USB传输及协议交互延时

USB传输延时是1ms，协议交互延时是1ms，总计2ms。

（2）屏幕分辨率和尺寸

虚拟现实设备的屏幕分辨率决定了佩戴者所能看到的画面的清晰度，理论上屏幕分辨率越高越好，屏幕尺寸越大越好，这样佩戴者所能看到的图像就越清晰、视野就越开阔。这就在很大程度上缓解了延时可能造成的晕眩。

目前，市面上使用的主流屏幕分为两种，一种是IPS真彩屏，另一种是AMOLED屏。两种屏幕的优缺点如下：

IPS真彩屏的优点是屏幕采用RGB排列，色彩饱满，分辨率在实际显示的时候不会打折扣，目前市面上主要是1920mm×1080mm和2560mm×1440mm的屏幕，后者的显示效果要远远超过前者。但其缺点是刷新率以目前的技术无法高于75Hz。

AMOLED屏最大的优点就是可以定制高达90Hz的刷新率，目前市面上只有Oculus CV1采用这种屏幕，而且刷新率为90Hz，其他都是75Hz。但三星的AMOLED屏幕采用的是Pentile排列，因此，实际显示的分辨率会打折扣。

（3）透镜

透镜的好坏决定了虚拟现实设备的显示效果，理论上透镜的直径越大，畸变和放大倍数越大，视野越宽广，但是畸变越大也更容易导致晕眩。目前，市面上的虚拟现实设备采用的透镜有3种，即球面镜片、非球面镜片和菲涅尔镜片。这3种镜片都有树脂和玻璃两种材质，树脂轻薄，不易碎，但使用寿命稍短，一般只有半年；玻璃较重，易碎，但使用寿命很长。当然，透镜还有很多其他的属性，如防蓝光、防起雾等。

3.3.3 虚拟现实硬件设备未来的发展

随着虚拟现实硬件设备及内容制作的不断发展，虚拟现实终端平台会逐步走向成熟。随着通信技术的发展和传输瓶颈的突破，以及配套软件平台的整合，虚拟现实将会在很大程度上为用户提供发散思维的场景，最终带给用户更好的体验。虚拟现实技术将在游戏、社交、电影、医疗、教育、军事等诸多领域有广阔的商业应用前景。

4

虚拟现实开发工具综述

随着虚拟现实行业的不断发展，各种虚拟现实开发工具和各种平台开始涌现，其中，法国达索的Virtools三维引擎就是最早进入中国市场的开发工具。2012年，Unity亚洲开发者大会在北京举行，会中透露有四分之一的开发者在中国。2015年3月举行的GDC大会，其CEO正式宣布所有开发者均可免费使用Unreal Engine 4。至此，全球部分商业引擎公司开始正式宣布涉足虚拟现实领域。

4.1 虚拟现实开发软件及平台

达索公司的Virtools虽然是较早进军虚拟现实领域的，但Virtools引擎在5.0版本以后就没有再升级。这就给Unity和Unreal等引擎提供了发展的契机，当然，国内的公司也不甘示弱，在虚拟现实的应用领域也小有作为。

4.1.1 Virtools

Virtools是一套非常好用的整合软件，它可以将3D模型、2D图形或音效等现有的常用档案格式整合在一起，其界面如图4.1所示。Virtools提供了丰富的互动模块，可以在3D虚拟环境中进行实时编辑，制作出拥有不同功能的3D产品，如交互游戏、教育培训、产品展示等。

图4.1

Virtools以创新的可视化模式让用户轻松建构互动体验，内建超过700种行为模块，从初期产品原型设计、虚拟环境模拟发展到3D互动操作，轻松建构出身临其境、栩栩如生的完美体验。Virtools提供的解决方案颠覆了3D开发制作流程，开发人员只需拖曳所需要的行为模块即可建构出丰富的互动作品，可同时满足无程序背景的设计人员以及高阶程序设计师的需要，大大缩短项目开发时程、减少风险并降低生产成本。2010年，Virtools采用了3DVIA Virtools等Web3D技术搭建网上世博会的网上园区和展馆，用户通过电脑就可以轻松俯瞰5.28平方千米世博园区的三维全景，如

图4.2所示，并在数百个国家、地区和国际组织的展馆间轻松穿梭。

图4.2

然而，就是这样一款功能强大、前景一片大好的开发工具，最终却停止在Virtools 5.0版本上，同时它的母公司达索也关闭了在中国的官网。

4.1.2 Quest 3D

Quest 3D（图4.3）是一款容易上手且工作高效的实时3D建构工具。Quest 3D可以方便用户在编辑环境中与对象进行互动，软件提供了先进的工作流程，可以方便用户对2D或3D图形、声音等进行处理。新版本增强了对VR设备的支持，同时还拥有强大的粒子特效系统，可以方便设计师快速设计出火、雨、雪、喷泉等逼真的特效。

图4.3

4.1.3 Unity 3D

Unity 3D（图4.4）是由Unity Technologies开发的一款让玩家轻松创建诸如三维视频游戏、建筑可视化、实时三维动画等类型互动内容的多平台的综合型游戏开发工具，是一个全面整合的专业游戏引擎。Unity 3D类似于Director、Blender game engine、Virtools或Torque Game Builder等利用交互的图形化开发环境为首要方式的软件。其编辑器运行在Windows 和Mac OS X下，可发布游戏至Windows、Mac、Wii、iPhone、WebGL（需要HTML5）等平台。也可以利用Unity web player插件发布网页游戏，其支持Mac和Windows的网页浏览。

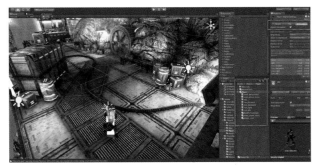

图4.4

Unity 3D不仅仅是一个开发平台,更是一个独立的游戏引擎,也是目前最专业、最热门、最具前景的游戏开发工具之一。Unity 3D整合了之前所有开发工具的优点,从PC到Mac再到Wii,甚至最后到移动终端,我们都能看见它的身影。

4.1.4 Unreal Engine 4

Unreal Engine 4(图4.5)属于第4代虚幻引擎,对应的是次世代主机PS4,可以表现出更加惊人的画面。虚幻引擎是Epic构建自己的游戏时使用的完整技术。这个引擎可以支持从独立小项目到高端平台大作的所有作品,也支持所有主要平台,而且还包括100%的C++源码。用户通过该引擎可以在虚幻商城中寻找所需的资源,也可以亲自创建,甚至将其与他人共享。

图4.5

Unreal Engine 4自2015年3月起可供用户免费使用,而且所有未来的更新都将免费。该引擎可用于各个方面,包括教育、建筑、游戏、虚拟现实、电影和动画等。

4.2 语言类虚拟现实工具

虚拟现实的开发语言常见的有高级着色器语言(high level shader language)、虚拟现实建模语言(virtual reality modeling language)和三维图像标记语言(X3D)等。

4.2.1 高级着色器语言:HLSL

高级着色器语言(high level shader language,简称HLSL)由微软出品,只能供微软的Direct 3D使用。HLSL不能与OpenGL标准兼容。

HLSL的特点如下:

①基于C语言的语法(如大小写敏感,每条语句必须以分号结尾),是一门面向过程的强类型语言。

②除了bool、int、uint、half、float、double基础类型外,还支持数组类型。另外,HLSL还内置了适合3D图形操作的向量与矩阵类型,以及采样器(纹理)类型。

③基础类型的隐式转换规则与C语言一致。

④变量没有赋初值时,都会被填充为false、0或0.0。

⑤If条件语句和switch条件语句与C语言一致。

⑥For循环语句和while循环语句与C语言一致。

⑦Return、continue和break语句与C语言一致。

⑧无指针,无字符和字符串类型。

⑨无union,无enum。

⑩向量、矩阵可通过构造函数进行初始化。

4.2.2 虚拟现实建模语言:VRML

VRML是virtual reality modeling language的缩写。VRML是一种用于建立真实世界场景模型或人们虚构的三维世界场景的建模语言。

VRML本质上是一种面向Web、面向对象的三维造型语言,而且它是一种解释性语言。VRML定义了一系列对象用来实现三维场景、多媒体以及交互性。这些对象称作"节点"(node),节点包含的基本元素有"域"(field)和"事件"(event),域是节点中包含的参数,事件用于参数的传递。

相比于其他的传统建模语言,VRML更多被用于建筑设计和模拟场景的还原。

4.2.3 三维图像标记语言:X3D

X3D是由Web3D联盟设计的,是VRML标准的升级版本,全称为可扩展三维(语言)。相比于同类语言,X3D的最大优势在于能够跟随显卡硬件的发展而升级,并支持硬件的渲染。其实浏览X3D的脚本文件,就跟浏览Flash一样,需要相关插件支持。目前这方面的插件也有很多,不过常用的是Media Machines Flux以及Bitmanagement BS Contact VRML插件这两种。

与Web3D引擎相比较，X3D的市场占有率并不高。这也在另一方面体现出了X3D的制作工具和开发环境相对落后。因此，尽管技术层面出色，但X3D依然难以在同类市场中占据领先地位。

4.3 视觉类虚拟现实工具

4.3.1 Flash 3D

Flash 3D是指所有基于网页Flash播放器播放的且可交互的实时三维画面信息的总称。目前通用的开源Flash 3D渲染引擎有Papervision3D、Away3D、Sandy3D等，非开源Flash 3D渲染引擎有Alternative3D等。

4.3.2 暴风魔镜

暴风魔镜（图4.6）是由暴风影音开发的一款虚拟现实硬件产品。暴风魔镜需要配合暴风影音开发的专属魔镜来使用。通过暴风魔镜，普通的电影也可以实现影院的观影效果。

4.3.3 3D播播

3D播播（图4.7）是一款为手机眼镜量身打造的3D视频播放器。3D播播适配市面上绝大部分手机以及虚拟现实体验设备。它聚合了大量高清3D内容，支持1080P高清视频，能让用户大视野体验超五星院线的IMAX 3D影效。值得一提的是，3D播播还独家支持语音、体感控制，智能使用场景

图4.6

图4.7

识别，自动判断3D内容格式。

4.3.4 87870虚拟现实网

87870虚拟现实网（图4.8）成立于2015年，是我国成立最早也是规模领先的虚拟现实平台，隶属于幸福互动（北京）网络科技有限公司。

87870平台提供的服务主要包括VR行业资讯及报道、VR硬件及游戏测评、VR视频等优质资源下载。87870平台以独家观点报道、海量内容资源、软件开发实力以及硬件实体销售为特色，为全球用户提供最专业、及时的VR资讯及内容。

4.3.5 Nibiru 游戏平台

Nibiru是由睿悦信息研发、国内首家主打虚拟现实游戏的平台。它采用VR设备物理的方式，直接利用手机的运算和传感器。任何一台智能手机，只要装上Nibiru平台，同时购买Nibiru授权的梦镜系列眼镜，就可以体验沉浸式游戏了。

此外，睿悦信息把内容当做未来发展的重点，目前他们已经同众多移动游戏引擎公司进行合作，有针对性地选择优质游戏进行改造移植，为用户提供内容支持。

目前，Nibiru旗下已经拥有完美世界的《神鬼幻想》、艾格拉斯的《格斗刀魂》，还有《神守卫》《永恒之剑》以及《异星风暴》等大型虚拟现实游戏，并将在进一步开发软件和硬件的同时与国内外知名虚拟现实外设厂商深度合作，其中包括大名鼎鼎的 MOGA和Leap Motion（厉动）。

4.4 触觉类虚拟现实工具

通过运算和模拟，人类对虚拟物体也有了触觉感受，这样的"感觉输入"让我们有理由相信很多生活方式的改变——你不需要真的驾驭一辆赛车，就可以通过触觉技术模拟的震动、离心力和撞击去感受风驰电掣；在医学及军事训练中，触觉技术大大增加了传统的视觉及听觉模拟技术传送给大脑的信息数量，使操作更加逼真、使训练更加有效。将来，用户网购时可能也可以"触摸"到商品的材质。

4.4.1 Haptics

Haptics是触觉学科的一种，是指通过与计算机进行互动从而实现虚拟的触觉体验。用户利用像游戏杆、数码手套或者其他特殊的计算机输入或输出设备，通过与计算机程序交互来获得真实的触觉感受。结合虚拟视觉，Haptics技术可以用来训练人的手和眼睛的协调能力。例如，医生或者军人可以采用这种方式进行模拟训练。另外，还可以将这两种技术用于电脑游戏中。比如，你可以和计算机对手在一个虚拟世界里打乒乓球。

很多大学都在研究Haptics技术，Immersion公司制造了一种游戏手柄，可以用在实验室中，或者用于模拟游戏。Haptics技术为虚拟现实或三维环境提供了一种新的发展方向。

图4.8

4.4.2 Teslasuit

目前，大多数虚拟现实产品只能给我们的耳朵和眼睛带来一种逼真体验，而我们的身体还无法体验。Teslasuit智能紧身衣（图4.9）号称全世界第一款"全身触觉紧身衣"，能够让你感受到虚拟现实游戏场景。Teslasuit智能紧身衣配置了多个传感器，通过这些传感器能够为穿戴者全身创建感触点。

Teslasuit使用了神经肌肉电子模拟传感器，类似于医生在对病人做物理疗法中使用的传感器一样，它可以发出轻微的电脉冲。但装有心脏起搏器的人，或者患有心脏病、癫痫的人，以及孕妇，都不能使用这款产品。该公司推出了两个版本的Teslasuit紧身衣，分为"奇迹"版和"先锋"版，如图4.10所示。两个版本在功能上略有不同，比如，"先锋"版拥有"气候控制"功能，能够模拟不同环境。

Teslasuit能够帮助用户感触到"热""水""风"等，用户甚至可以感触到"拥抱"。此外，它还能模拟游戏体验。

图4.9

图4.10

5

虚拟现实项目的工作流程及注意事项

本章将主要介绍虚拟现实项目开发流程以及相关制作节点环节的规范和注意事项，对于项目前期梳理阶段，这里也提供了一些基础物料列表以供大家参考。

5.1　虚拟现实项目的工作流程

每个行业都有每个行业的工作流程，一个高效的工作流程能够有助于项目的顺利推进，虚拟现实项目的开发也有其特定的工作流程。比如，房地产虚拟现实项目工作流程如图5.1所示。当然，这个工作流程并不是完全不变的，每个项目都有自己的特殊情况存在，在实际的开发过程中，项目经理可以根据项目的实际需求对相关环节进行合理的调整。

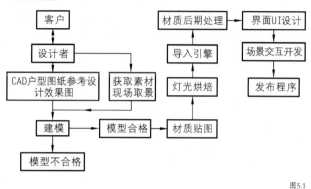

图5.1

房地产虚拟现实项目制作所需资料如表5.1所示。

表5.1　房地产虚拟现实项目制作所需资料

需提供的制作素材			说明
数字模型制作	房地产建筑规划图		体现设计思想的规划总平面图
	建筑施工总平面图		准确表示建筑、绿化、道路关系与位置的规划总平面图（带尺寸、标高等标注）
	单体建筑	平面图	建筑主要平面图（带尺寸标注）
		立面图	建筑主要立面图（带尺寸标注）
		效果图	彩图
		大样图	需表现或注意的建筑细部设计图
	环境设计资料	平面图	园林设计平面图（表示铺地、水体、植被、小品等位置及具体设计的图纸或资料）
		立面图	体现园林空间关系的截面图
		透视图	彩图
		手绘图	设计手稿
		相关照片	意向设计资料
	项目资料	文字资料	关于项目定位的说明等
		图片资料	
	宣传资料	楼书	
		报纸广告	
	户型室内设计资料	平面图	地面、天面设计图（带尺寸与材料标注）
		立面图	墙面设计图（带尺寸与材料标注）
		效果图	彩图
		大样图	需表现或注意的室内细部设计图

5.2　模型制作要求

虚拟现实模型制作完成后，模型所包含的基本信息必须符合制作规范的要求。这些信息一般包括模型的单位、尺寸、归类塌陷、命名、节点编辑、纹理、坐标、纹理尺寸、纹理格式、材质球等。

模型在导入引擎之前的制作流程可以简单概括为：准备素材→制作模型→制作贴图→塌陷场景、模型命名、展UV坐标→测试灯光和渲染→烘焙场景→调整好后导出场景。

我们以3ds Max软件制作模型为例，来讲解一下模型制作的规范要求。

①创建新场景后，首先要设置好单位，在同一场景中的模型单位设置必须一致，模型与模型之间的比例也要正确。这里所说的同一场景中的模型，既包括新创建的模型，也包括导入当前场景中的模型。

②在创建模型时，模型的初始位置应该创建在原点。在没有特定要求的情况下，必须以物体对象的中心为轴心。如果有CAD图纸作为参照，那就必须以CAD底图的文件来确定模型的位置，而且不能对这个标准文件作任何修改。导入3ds Max软件中的CAD底图也要在（0，0，0）位置，这样才能保证初始模型在零点附近。

③模型面数的控制。如果模型面数过多，不仅会给系统运算带来压力，同时还容易导致各种错误出现。对于将来要运行在手机等移动端设备的项目，每个模型控制在300～1500个多边形面就能达到比较好的效果。而对于将来要运行在PC平台的项目，每个模型根据复杂程度，可以控制在1500～4000个多边形面就可以。正常单个物体的面数控制在1000个面以下相对比较理想，而整个屏幕应控制在7500个面以下。一般所有物体的面数加起来不超过20000个三角面是比较理想的，否则就很容易在导出时出错。

④模型文件的整理。在制作完模型后，要仔细检查模型文件，并对每个模型尽量做到最大优化，将不需要的面删除，将断开的顶点合并起来，移除孤立的顶点，这样做的主要目的是为了提高贴图的利用率，降低整个场景的面数，从而提高交互场景的运行速度。同时，还要检查模型的名字，对于模型的命名要规范，方便查找。模型在绑定之前必须做一次重置变换。

⑤模型面与面之间的距离要合理。例如，在制作室内场景时，物体的面与面之间的距离不要小于2mm；在制作场景长（或宽）为1km的室外场景时，物体的面与面之间的距离不要小于20cm。如果物体面与面之间的距离过小，导致它们贴得太近，画面中就会出现两个面交替出现闪烁的情

况。模型与模型之间不能有共面、漏面和反面等情况，对于看不见的面一定要删掉。这些问题，在建模过程中一定要避免。

⑥能用复制的方法解决的，就尽量采用复制的方法来处理，这样有利于节省系统资源。

⑦在创建模型时，尽量使用多边形建模，因为多边形建模方式在最后烘焙时不会出现三角面的情况，这就保证了不会出现错误。

⑧塌陷模型。在模型创建完毕后，赋予贴图纹理，最后再塌陷模型，这样做是为后面烘焙做准备。在塌陷模型的时候有一些需要注意的问题：

a.一个建筑物要尽量塌陷为一个物体，对于比较复杂的建筑物可以先分部分塌陷，最后在导出模型之前再塌陷成一个物体。

b.用Box反塌物体，转成Poly模式，采用这种方法时一定要仔细检查贴图有无错乱。

c.在塌陷模型时，一定要注意不能跨区域塌陷。

d.模型的名称要根据项目的要求来设置，并严格按照项目要求来命名。

e.所有物体的重心位置必须是物体的中心，在检查物体的位置正确之后再锁定物体。

⑨模型的命名要使用英文或拼音，不能用汉字来命名。同时，还要注意避免重名的情况。

⑩如果是用镜像复制的方法创建模型，还需要通过修改器进行修正。

第一步：先选中镜像后的物体，再进入Utilities（工具）面板中，通过选择Reset XForm（重置变换），然后单击Reset Selected。

第二步：进入Modfiy面板中，选择Normal命令，将法线反转过来。

⑪烘焙黑缝的处理。在烘焙时，如果在图片尺寸不够大的情况下，往往会在边缘产生黑缝。那么，出现这种情况的时候该怎么处理呢？如果制作的是比较复杂的鸟瞰效果，可以把楼体合并成一个物体，通过多重材质进行处理，最后再对楼体进行整体烘焙，这样就可以节省很多的系统资源。对于远处的地表（或者草地），可以通过一张效果较好的图来平铺进行处理，平铺次数尽量少一些。

5.3　材质贴图要求

前面介绍了虚拟现实项目对模型的一些要求，同样，虚拟现实项目对材质贴图也有一定的要求。这些要求具体表现在如下几点：

①3ds Max中并不是所有材质都能被Unity 3D软件所支持，Unity 3D引擎对模型的材质还是有一些特殊要求的。Unity 3D软件仅能较好地支持3ds Max中的Standard（标准）材质和Multi/Sub-Objiect（多维/子物体）材质。

②目前，Unity 3D只支持3ds Max中的Bitmap（位图）贴图类型，对于3ds Max中的其他贴图类型都不支持。同时，Unity 3D只支持Diffuse Color（漫反射）和Self-Illumination（自发光，用来导出LightMap）贴图通道。Self-Illumination贴图通道在烘焙LightMap后，需要将此贴图通道Channel设置为烘焙后的新Channel，同时将生成的LightMap指向Self-Illumination。

③如果建筑的原始贴图不带通道，那么文件格式必须是JPG格式的；如果原始贴图带通道，那么文件格式必须是32位的TGA格式，但是，图片最大宽度被限制在2048px。贴图文件尺寸必须是2的N次方，最大贴图尺寸不能超过1024px×1024px。在烘焙时要将纹理贴图保存为TGA格式。

5.4　模型烘焙及导出

（1）烘焙方式

模型有两种烘焙方式。

第一种是LightMap烘焙方式。这种方式渲染出来的贴图只带有阴影信息，但不包含基本纹理，一般适用于制作纹理较清晰的模型文件（如地形等）。它的工作原理是将模型的基本纹理贴图和LightMap阴影贴图两者进行叠加。这种烘焙方式的优点是最终模型纹理比较清晰，而且可以重复使用纹理贴图，这样可以节约纹理资源；烘焙后的模型可以直接导出为FBX文件，不用再修改贴图通道。缺点是LightMap贴图不带有高光信息。

第二种是CompleteMap烘焙方式。这种烘焙贴图方式的优点是渲染出来的贴图本身就带有基本纹理和光影信息，但缺点是没有细节纹理，且近景纹理比较模糊，所以一般近景不使用这种方式，尤其是特写镜头。

（2）烘焙贴图需要注意的问题

使用CompleteMap烘焙方式烘焙贴图时需要注意的问题是：贴图通道和物体UV坐标通道必须为通道1；烘焙贴图文件存储格式为TGA文件；背景颜色也要改为与贴图颜色近似的。

使用LightMap烘焙方式烘焙贴图时需要注意的问题是：贴图通道和物体UV坐标通道必须为通道3；烘焙时灯光的阴影方式为adv.raytraced（高级光线跟踪阴影）；背景色要改为白色，可以避免出现黑边；主要物体的贴图UV必须手动展开。

（3）导出

①在导出模型时要将烘焙材质改为标准材质，通道设

置为1，自发光设置为100%。

②所有物体的名称、材质球名称、贴图名称要保持一致。

③能合并的顶点都要合并，清除场景中不必要的物体。

④删除多余的材质球。

⑤按要求导出FBX文件，导出FBX文件后，再重新导入3ds Max软件中查看一遍FBX的动画是否正确。

⑥根据验收表，对照文件进行检查，是否还有漏掉的问题。

5.5　文件备份要求

模型在制作完后，要及时做好备份，在备份时要做到以下几点：

①检查好的最终MAX文件要按照类型进行分类存放，具体可以分为角色模型、场景模型、道具模型，这些模型要带贴图存放到服务器相应的"项目名/model/char""项目名/model/scene""项目名/model/prop"文件夹中。同样，动画文件也要存放在对应的anim文件夹中。

②导出的OBJ、FBX等格式的文件，也要统一存放到export文件夹下的子文件夹anim、model、prop中。

最终递交备份的共有八类文件，它们分别是：

a.原始贴图文件：存放场景制作过程中所用到的所有贴图。

b.烘焙贴图文件：存放最终烘焙的所有贴图。

c.UV坐标文件：存放所有物体烘焙前编辑的UV坐标。

d.导出FBX文件：存放最终导出的所有物体的FBX文件。

e.MAX文件：原始模型文件，是指没有做任何塌陷的，带有UVW贴图坐标的文件。

f.烘焙前的模型文件：已经塌陷完的，展好UV的，并调试好灯光渲染、测试过的文件。

g.烘焙后的模型文件：已经烘焙完成的，但没有做任何处理的文件。

h.导出的模型文件：处理完烘焙物体，合并完顶点，删除了没用物件的文件，也就是最终要导入引擎中的模型文件。

6

虚拟现实开发语言——C#

学习语言的过程比较枯燥，也没有什么捷径，要多看、多思考、多练习。学习C#要把自己融入程序的海洋中，多编写程序，然后修正错误，这样才能更好地找到问题所在。在编写程序的过程中还要经常研究其他开发者编写的程序代码，这样才能熟能生巧地把C#学好。

6.1 C#概述及其开发环境

学习一门语言，重要的是了解这门语言。本节主要向大家介绍C#的基础内容。

6.1.1 C#概述

C#是一门面向对象的编程语言，它一直稳居编程语言国际榜单前五位，我们先来了解一下什么是编程语言。

（1）编程语言介绍

编程语言也就是计算机语言，是用来定义计算机程序的形式语言。编程者通过编程语言定义计算机所需要使用的数据和在不同情况下所采取的行动。编程语言种类很多，总的来说，可以分成机器语言、汇编语言、高级语言三大类。

机器语言是用二进制代码0和1作为符号表示的计算机能直接识别和执行的一种机器指令的集合。它是计算机设计者通过计算机的硬件结构赋予计算机的操作功能。但机器语言编写代码太过抽象，很少有人学习。

汇编语言的主体是汇编指令。汇编指令和机器指令的差别在于指令的表示方法上。汇编指令是机器指令便于记忆的书写格式。汇编语言将机器指令替换为英文单词。但是，这样的语言过于单一，代码量非常大，不便于实际开发。图6.1所示是汇编语言编程指令。

```
操作：寄存器BX的内容送到AX中

1000100111011000        机器指令

mov ax,bx               汇编指令
```
图6.1

高级语言是大多数编程者的选择。和汇编语言相比，高级语言允许开发者使用少量的代码实现功能，去掉了与具体操作有关但与完成工作无关的细节。由于省略了很多细节，编程者也就不需要有太多的专业知识。

高级语言主要是相对于汇编语言而言的，它并不是特指某一种具体的语言，而是包括了很多编程语言，如当前热门的Java、C、C++、C#等，这些语言的语法、命令格式都不相同。

（2）C#编程语言

C#是一门简单、现代、通用的面向对象的高级编程语言。

说到C#就不得不提Microsoft .NET Framework，一般都说C#是基于.NET框架的。我们可以把.NET理解为一个工具集合，C#语言在编写过程中需要调用.NET框架中的工具。这就说明，如果在电脑上编写C#程序，首先就需要在电脑上安装.NET工具包，并且安装微软官方的开发工具Visual Studio，简称VS。对于初学者来说，版本只需了解即可。表6.1所示是C#版本和.NET Framework版本及Visual Studio版本的对应关系。

表6.1　C#、.NET Framework、Visual Studio版本之间的对应关系

C#版本	.NET Framework版本	Visual Studio版本
C#1.0	.NET Framework 1.0	Visual Studio.NET 2002
C#1.1	.NET Framework 1.1	Visual Studio.NET 2003
C#2.0	.NET Framework 2.0	Visual Studio 2005
C#3.0	.NET Framework 3.5	Visual Studio 2008
C#4.0	.NET Framework 4.0	Visual Studio 2010
C#5.0	.NET Framework 4.5	Visual Studio 2012、Visual Studio 2013
C#6.0	.NET Framework 4.6	Visual Studio 2015
C#7.0	.NET Framework 4.6.2	Visual Studio 2017
C#8.0	.NET Framework 4.8	Visual Studio 2019

6.1.2 C#的应用

学习C#到底可以开发什么类型的软件，下面我们来了解C#的广泛应用。

（1）软件程序开发

①普通软件开发

电脑上运行的各种类型的软件，尤其是在Windows上运行的软件，都可以用C#开发，比如聊天软件、视频软件等。

②web应用

ASP.NET是微软推出的网站开发技术，是微软旗下的大型网站（MSN、Hotmail等），也是用的C#。

（2）Unity程序开发

Unity是由Unity Technologies开发的一个让玩家轻松创建诸如三维视频游戏、建筑可视化、实时三维动画等类型互动内容的多平台的综合型游戏开发工具，是一个全面整合的专业游戏引擎。也就是说，这个游戏引擎应用C#对这些游戏场景进行有序化组装，来开发一款游戏。通过Unity可以开发网页游戏、手机游戏和单机游戏。

据不完全统计，目前，国内有80%的安卓、苹果手机游

戏使用Unity 3D进行开发，比如著名的手机游戏《神庙逃亡》，就是使用Unity 3D开发的，还有《纵横时空》《将魂三国》《争锋online》《萌战记》《绝代双骄》《蒸汽之城》《星际陆战队》《新仙剑奇侠传online》《武士Z：复仇》《UDog》等上百款网页游戏都是使用Unity 3D开发的。

当然，Unity 3D不仅限于游戏行业，在虚拟现实、工程模拟、3D设计等方面也有着广泛的应用，国内使用Unity 3D进行虚拟仿真教学平台、房地产三维展示等项目开发的公司非常多，比如绿地地产、保利地产、中海地产、招商地产等大型房地产公司，其三维数字楼盘展示系统很多都是使用Unity 3D进行开发的。比如"Miya家装""飞思翼家装设计""状元府楼盘展示"等。图6.2和图6.3所示是用Unity编写的网页游戏和手游。

图6.2

图6.3

6.1.3 学习C#的准备工作

在开始学习C#前，我们需要进行C#环境的搭建。这里以Visual Studio 2015和C# 6.0为例进行讲解，其他版本基本相同。

（1）开发环境的搭建

我们首先搭建一个C#编程环境，下面简单介绍Visual

Studio 2015（简称VS 2015）的安装操作步骤：

①电脑中放入DVD光盘并启动，弹出VS 2015图标，双击，如图6.4所示。

图6.4

②初始化安装程序后，弹出安装窗口，如图6.5所示。

③安装模式选择"默认值"安装，点击"安装"，如图6.6所示。

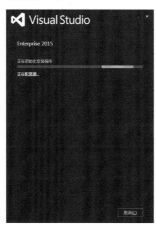

图6.5　　　　　　　　　图6.6

④经过约半个小时，安装完成，如图6.7、图6.8所示。

图6.7　　　　　　　　　图6.8

⑤重启计算机。

⑥重启后，运行VS 2015，弹出加载对话框。

⑦几分钟后，弹出"欢迎使用"对话框。

⑧单击"以后再说"。

⑨进入环境设置对话框，开发设置选择"Visual C#"，主题颜色可以三选一，和Windows中主题选择一样。

⑩经过几分钟初始配置后，就进入了VS 2015开发环境中。

（2）建立简C#程序

对开发环境VS 2015稍作了解后，我们开始第一个程序开发。

①单击"文件"→"新建"→"项目"，弹出"新建项目"，如图6.9所示。

图6.9

②下面对图6.9所示界面的项目设置做讲解。

左侧选项框是选择语言类型，我们选择"Visual C#"。

中间选项框是选择项目类型，我们选择"控制台应用程序"。

在窗口下方的"名称"栏，我们填写项目名称"hello CSharp"；在"位置"栏，我们填写项目存储的位置；在"解决方案名称"栏，默认解决方案名称和项目名称相同。

③设置完成后，进入代码编辑界面。

④我们可以看到右侧的解决方案资源管理器中，解决方案和项目名称都为Hello CSharp。

⑤在左侧自动生成代码中，我们添加一行代码。

⑥按"编译代码"的快捷键【Ctrl+F5】，弹出运行结果，如图6.10所示。

图6.10

在该窗口中，显示的"Hello CSharp"就是我们加入的一行代码的运行结果。根据提示按下任意键操作后，该窗口关闭，如图6.11所示。

```
using System.Collections.Generic;
using System.Linq;
using System.Text;
using System.Threading.Tasks;

namespace HelloCSharp
{
    0 个引用
    class Program
    {
        0 个引用
        static void Main(string[] args)
        {   //输出HelloCSharp
            Console.WriteLine("Hello CSharp");
        }
    }
}
```

图6.11

这里对图6.11所示的代码做基本介绍。

a. using 命名空间名

C#程序是利用命名空间组织的，命名空间就好像许多不同的房间，而using是一把万能钥匙，命名空间名好比房间的名称，通过using打开房间，取出房间中需要用到的工具。System.Linq等是命名空间。

b. 注释说明

编译器编译程序时，不需要执行代码或文字，其主要功能是对末行或某段代码进行说明，方便对代码的理解与维护。

C#的几种常见注释方法：

// 单行注释；

/**/ 块注释；

///说明注释，注释以后可以自动生成说明文档。

【例】 //输出HelloCSharp

/*

输出HelloCSharp

*/

6.2 变量

变量是计算机语言中能储存计算结果或能表示值的抽象概念。

6.2.1 变量概述

变量是一种使用方便的占位符，可以根据需要随时改变变量中所存储的数据值。变量可以通过变量名访问，变量名是变量在程序中的标识。变量值是指它所代表的内存块中的数据。变量值类型很多，比如数字"12"、英文单词"study"、中文语句"我们学习语言"，这些不同类型的值在程序里进行运算是要放入内存中的。不一样的数值如果分配的内存空间一样，会影响软件运行速度，因此，不同类型的变量根据需要分配大小不一样的内存空间。图6.12所示是内存中变量所占空间。

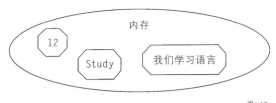

图6.12

6.2.2　变量的数据类型

变量是用来存储值的所在处，它们有名字和数据类型。变量的数据类型决定了如何将代表这些值的位存储到计算机的内存中。在声明变量时也可指定它的数据类型。所有变量都具有数据类型，一个变量定义了数据类型以后才能决定存储哪种数据。

6.2.2.1　值类型

值类型变量是指内存中直接存储数据值的变量，主要包含整数类型、浮点类型及布尔类型等。值类型采用堆栈分配存储地址，效率高。值类型具有如下特性：

a.复制值类型变量时，复制的是变量的数据值，而不是变量的地址；

b.值类型变量不能为空，必须具有一个确定的值。

（1）整数类型

整数类型是整数数值，根据常见整数的大小数值，C#将整数分为8种类型。C#中内置的整数类型如表6.2所示。

表6.2　C#中内置的整数类型

类型	说明	范围
sbyte	有符号8位整数	$-128 \sim 127$
byte	无符号8位整数	$0 \sim 255$
short	有符号16位整数	$-32768 \sim 32767$
ushort	无符号16位整数	$0 \sim 65535$
int	有符号32位整数	$-2147489648 \sim 2147483647$
uint	无符号32位整数	$0 \sim 42994967295$
long	有符号64位整数	$-2^{63} \sim 2^{63}$
ulong	无符号64位整数	$0 \sim 2^{64}$

使用时，需根据数值可能的大小，选择最小的范围类型，一般常用的类型为short、int、long。

在现实生活中，很多数值类型都是大于0的，比如一个班级的人数，我们就可以把人数定义为ushort类型，如果定义为uint类型也不是不可以，只是这样不利于内存使用的优化，影响程序运行速度。一个班级的人数我们可以声明为：

byte classSize=55;

一个高中的学生人数在1万人以内，高中学生人数我们

可以声明为：

Ushort students=2556;

（2）浮点类型

浮点类型变量主要用于处理含有小数的数值数据，根据小数位数不同，C#提供了单精度浮点类型float和双精度浮点类型double，如表6.3所示。

表6.3　float和double类型

类型	说明	范围
float	32位单精度浮点类型	$\pm 1.5 \times 10^{-45} \sim \pm 3.4 \times 10^{38}$
double	64位双精度浮点类型	$\pm 5.0 \times 10^{-324} \sim \pm 1.7 \times 10^{308}$

（3）decimal类型

decimal类型表示精度更高的浮点类型，decimal类型的信息如表6.4所示。

表6.4　decimal类型

类型	说明	范围
decimal	128位十进制数	$\pm 1.0 \times 10^{-28} \sim \pm 7.9 \times 10^{28}$

（4）布尔类型

布尔（bool）类型表示真或者假。布尔类型变量的值只能是true或者false，不能将其他的值赋给布尔类型。

在定义全局变量时，若没有特定要求，则不用对整数类型、浮点类型和布尔类型进行初始化，整数类型和浮点类型的变量默认初始化为0，布尔类型的变量默认初始化为false。

（5）字符类型

为保存单个字符的值，C#支持字符（char）类型。

字符类型的字面量是用单引号括起来的，如‘M’。

下面来了解一些转义字符，如表6.5所示。

表6.5　转义字符

转义字符	含义
\'	单引号
\"	双引号
\\	反斜杠
\0	空
\a	报警
\b	退格
\f	换页
\n	换行
\r	回车
\t	水平制表符
\v	垂直制表符

6.2.2.2 引用类型

引用类型是构建C#应用程序的主要对象数据类型。引用类型的特点有以下几点：

①引用类型都存储在托管堆上。

②引用类型可以派生出新的类型。

③引用类型可以包含空（null）值。

④引用类型变量的赋值只复制对对象的引用，而不复制对象本身。

⑤引用类型的对象总是在进程堆中分配（动态分配）。

值类型和引用类型的区别：

①所有继承System.Value的类型都是值类型，其他类型都是引用类型。

②引用类型可以派生出新的类型，而值类型不能。

③引用类型存储在堆中，而值类型既可以存储在堆中，也可以存储在栈中。

④引用类型可以包含空（null）值，值类型不能（可空类型功能允许将null赋给值类型）。

⑤引用类型变量的赋值只复制对对象的引用，而不复制对象本身。而将一个值类型变量赋给另一个值类型变量时，将复制包含的值。当比较两个值类型时，进行的是内容比较；而比较两个引用类型时，进行的是引用比较（后面章节我们提到面向对象的时候大家会深刻理解）。

6.2.2.3 枚举类型

枚举类型为定义一组可以赋给变量的命名整数常量提供了一种有效的方法。例如，假设必须定义一个变量，该变量的值表示一周中的一天。该变量只能存储七个有意义的值。若要定义这些值，可以使用枚举类型。编写与日期相关的应用程序时，经常需要使用年、月、日、星期等日期数据，可以将这些数据组织成多个不同名称的枚举类型。使用枚举类型可以增加程序的可读性。在C#中使用关键字enum类声明枚举类型的变量格式如下：

```
enum 枚举名称
{
A1=value1;
A2=value2;
A3=value3;
……
AX=valueX;
}
```

其中，大括号"{}"中的内容为枚举列表，每个枚举名称对应一个枚举值，A1～AX为枚举名，value1～valueX为整

数数据类型。

又如：

```
enum Days
{ Sunday, Monday, Tuesday, Wednesday, Thursday, Friday, Saturday };
    enum Months : byte
{ Jan, Feb, Mar, Apr, May, Jun, Jul, Aug, Sep, Oct, Nov, Dec };
```

默认情况下，枚举中每个元素的基础类型是int。

6.2.2.4 类型转换

类型转换就是将一种类型转换成另一种类型。转换类型分为隐式转换和显式转换。

（1）隐式转换

隐式转换就是系统默认的、不需要加以声明就可以进行的转换。在隐式转换过程中，编译器无须对转换进行详细检查就能够安全地执行转换。隐式转换一般不会失败，转换过程中也不会导致信息丢失。

隐式转换包括以下几种：

从sbyte类型到short、int、long、float、double或decimal类型；

从byte类型到short、ushort、int、uint、long、ulong、float、double或decimal类型；

从short类型到int、long、float、double或decimal类型；

从ushort类型到int、uint、long、ulong、float、double或decimal类型；

从int类型到long、float、double或decimal类型；

从uint类型到long、ulong、float、double或decimal类型；

从long类型到float、double或decimal类型；

从ulong类型到float、double或decimal类型；

从char类型到ushort、int、uint、long、ulong、float、double或decimal类型；

从float类型到double类型。

其中，从int、uint、long到float以及从long到double的转换可能会导致精度下降，但不会引起数量上的丢失。其他的隐式转换则不会有任何信息丢失。

结合我们在数据类型中学习到的值类型的范围可以发现，隐式转换实际上就是从低精度的数值类型到高精度的数值类型的转换。

从上面的十条类型转换我们可以看出，不存在到char类型的隐式转换，这意味着其他整型值不能自动转换为char类

型。这一点我们需要特别注意。

下面的程序给出了隐式转换的例子：

```
using System;
class Test {
public static void Main() {
byte x=18;
Console.WriteLine("x={0}",x);
ushort y=x;
Console.WriteLine("y={0}",y);
y=65535;
Console.WriteLine("y={0}",y);
float z=y;
Console.WriteLine("z={0}",z);
        }
    }
```

程序的输出将是：x=18；y=18；y=65535；z=65535；

如果我们在上面程序中的语句之后再加上一句"y=y+1;"，然后重新编译程序，编译器将会给出一条错误信息"can not implictly convert type 'int' to type 'ushort'"。这说明从整数类型65536到无符号短整型y不存在隐式转换。

（2）显式转换

显式转换是指当不存在相应的隐式转换时，从一种数字类型到另一种数字类型的转换。其包括：

从sbyte到byte、ushort、uint、ulong或char；

从byte到sbyte或char；

从short到sbyte、byte、ushort、uint、ulong或char；

从ushort到sbyte、byte、short或char；

从int到sbyte、byte、short、ushort、uint、ulong或char；

从uint到sbyte、byte、short、ushort、int或char；

从long到sbyte、byte、short、ushort、int、uint、ulong或char；

从ulong到sbyte、byte、short、ushort、int、uint、long或char；

从char到sbyte、byte或short；

从float到sbyte、byte、short、ushort、int、uint、long、ulong、char或decimal；

从double到sbyte、byte、short、ushort、int、uint、long、ulong、char、float或decimal；

从decimal到sbyte、byte、short、ushort、int、uint、long、ulong、char、float或double。

这种类型转换有可能丢失信息或导致异常抛出，转换应按照下列规则进行：

对于从一种整型到另一种整型的转换，编译器将针对转换进行溢出检测，如果没有发生溢出，转换成功，否则抛出一个OverflowException异常。这种检测还与编译器中是否设定了checked选项有关。

对于从float、double、decimal到整型的转换，源变量的值通过舍入到最接近的整型值作为转换的结果。如果这个整型值超出了目标类型的值域，则将抛出一个"OverflowException异常"。

对于从double到float的转换，double值通过舍入取最接近的float值。如果这个值太小，结果将变成正0或负0；如果这个值太大，将变成正无穷或负无穷。如果原double值是非数字，则转换结果也是非数字。

对于从decimal到float或double的转换，小数的值通过舍入取最接近的值。这种转换可能会丢失精度，但不会引起异常。我们来看一个显式转换时发生溢出的例子，如图6.13所示。

```
using System;
0 个引用
class Test
{
    0 个引用
    static void Main()
    {
        long longValue = Int64.MaxValue;
        int intValue = (int)longValue;
        Console.WriteLine("(int){0}={1}", longValue, intValue);
    }
}
```

图6.13

图6.13所示的这个例子是把一个int类型转换成为long类型，图6.14所示是输出结果。

图6.14

这是因为发生了溢出，从而在显式类型转换时导致了信息丢失。

6.2.3　变量的声明

声明变量就是指定变量的名称和类型，未经声明的变量没有办法在程序中使用。在C#中，声明一个变量由一个类型和跟在后面的一个或多个变量名组成，多个变量之间用逗号分开，声明变量以分号结束。

例如：

```
int age=30;
string name = "TOM";
float rate=20f;
```

string Str1="我们"，Str2="学习"，Str3="C#语言"；

在声明变量时，要注意变量名的命名规则。变量名的命名规则如下：

①变量名必须以字母开头；

②变量名只能由字母、数字和下划线组成，而不能包含空格、标点符号、运算符等其他符号；

③变量名不能与C#中的关键字名称相同；

④变量名不能与C#中的库函数名称相同。

我们来看几个例子：

int i; //合法

int No.1; //不合法，含有非法字符

string total; //合法

char use; //不合法，与关键字名称相同

char @use; //合法

float Main; //不合法，与函数名称相同

6.2.4 常量

常量是其值在使用过程中不会发生变化的变量。在声明和初始化变量时，在变量的前面加上关键字const，就可以把该变量指定为一个常量：

const int a=100;

常量的特点如下：

①常量必须在声明时初始化，指定了值之后就不能再更改了。

②常量的值必须能在编译时用于计算，所以不能用从一个变量中提取的值来初始化常量。

③常量的名称一般都使用容易理解的名称，例如：const int months=12。

④常量使程序更易于修改。例如，程序中一个产品的出口率是一个常量ExportRate，该常量的值为10%，基于国家政策的调控，公司做出扩大出口决定，出口率调整为30%，那么把新值赋给这个常量，就可以更改所有的出口方面的运算结果，而不用查找整个程序去修改出口率为30%。

⑤常量只允许有一个值，如果在程序其他地方将其他的值赋给常量，编译器就会报告错误。

6.3 表达式与运算符

对数据的任何运算处理都需要表达式和运算符。本小节我们就研究如何对数据进行运算。

6.3.1 表达式

表达式是由运算符和操作数组成的。运算符指明对操作数采用何种操作方式。例如，"+""-""*"和"/"

都是运算符，操作数是计算机指令中的一个组成部分，它指出了指令执行的操作所需数据的来源。操作数包括文本、常量、变量等。在C#中，如果最终结果为值类型，则表达式就可以出现在需要值类型的任意位置。

6.3.2 运算符

运算符用于执行程序代码运算，会针对一个以上操作数项目来进行运算。例如："2+3"，其操作数是"2"和"3"，而运算符则是"+"。下面详细介绍C#中常见的运算符。

（1）算术运算符

算术运算符需要两个操作数，因此也叫二元运算符。假设操作数为"a""b"，运算符如表6.6所示。

表6.6　算术运算符

算术运算符	功能	使用方法
+	两变量相加	a+b
－	两变量相减	a－b
*	两变量相乘	a*b
/	两变量相除	a/b
%	求余数	a%b

操作数"a""b"不是整型就是浮点型，当"a""b"都为整型时，运算结果也为整型；当"a""b"中有一个是浮点型，则运算结果也是浮点型。

【例】定义变量a、b、c、d赋值并进行加、减、乘、除、求余运算，图6.15所示是代码，图6.16所示是程序结果。

```
using System;
0 个引用
class Program
{
    0 个引用
    static void Main(string[] args)
    {
        int a = 10, b = 5;
        Console.WriteLine("a+b=" + (a + b));
        Console.WriteLine("a-b=" + (a - b));
        Console.WriteLine("a*b=" + (a * b));
        Console.WriteLine("a/b=" + (a / b));
        Console.WriteLine("a%b=" + (a % b));
        Console.WriteLine();
        double c = 20d, d = 8d;
        Console.WriteLine("c+d=" + (c + d));
        Console.WriteLine("c-d=" + (c - d));
        Console.WriteLine("c*d=" + (c * d));
        Console.WriteLine("c/d=" + (c / d));
        Console.WriteLine("c%d=" + (c % d));
        Console.Read();
    }
}
```

图6.15

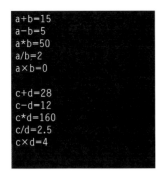

图6.16

（2）简单赋值运算符

在C#中，将值赋予变量的符号"="被称为赋值运算符，也就是我们一直在数学运算中称呼的"等于"。简单赋值运算符的应用如下：

变量 = 操作数（值）；

该简单赋值表达式的结果是把操作数赋给变量。

【例】我们去书店买书，首先观察到的是书名，还有书的价格、目录等。那么针对一本书的书名，我们会定义变量"bookName"，如果这本书的书名叫"计算机程序语言"，此时变量"bookName"指代的就是"计算机程序语言"，具体代码如下：

string bookName;

bookName="计算机程序语言"；

注意：运算符"="左右两边都不能为空，且左右两边数据类型必须相同，或者右边操作数可以隐式转化为与左边变量相同的类型。

（3）关系运算符

关系运算符是为了实现两个值的比较，并在比较之后返回一个代表运算结果的布尔值。常见的关系运算符如表6.7所示。

表6.7　关系运算符

关系运算符	说明
==	等于
<	小于
<=	小于等于
>	大于
>=	大于等于
!=	不等于

下面对几种关系运算符进行比较：

① "=="运算符

查看两个数值是否相等用"=="运算符，它只是简单地比较两个表达式。

【例】创建一个控制台程序，声明两个浮点型变量"h1" "h2"，其中"h1"表示小明的身高，"h2"表示小红的身高。再声明一个bool型标量"result"，其表示二者身高比较的结果。代码如图6.17所示。

```
using System;
0 个引用
class Program
{
    0 个引用
    static void Main(string[] args)
    {
        float h1 = 1.75f;
        float h2 = 1.63f;
        bool result;
        result = h1 == h2;
        Console.WriteLine(result);
        Console.ReadLine();
    }
}
```

图6.17

结果为：false。

② "!="运算符

不等运算符和等于运算符返回结果相反，有两种格式的不等运算符可以应用到表达式，一种是普通不等运算符"!="，一种是等于运算符的否定"!(a==b)"。

【例】创建一个控制台程序，声明两个浮点型变量"h1" "h2"，"h1"表示小明的身高，"h2"表示小红的身高。再声明两个bool型标量"result" "result1"，表示二者身高两种格式不等运算符比较的结果。代码如图6.18所示。

```
using System;
0 个引用
class Program
{
    0 个引用
    static void Main(string[] args)
    {
        float h1 = 1.75f;
        float h2 = 1.63f;
        bool result;
        bool result1;
        result = h1 != h2;
        result1 = !(h1 != h2);
        Console.WriteLine(result);
        Console.WriteLine(result1);
        Console.ReadLine();
    }
}
```

图6.18

结果如图6.19所示。

图6.19

③ "<" ">" "<=" ">=" 运算符

这四种运算符我们用一个示例来演示。

【例】创建一个控制台程序，声明两个整型变量 "x" "y"，声明四个bool变量 "result1" "result2" "result3" "result4"，我们来看 "x" 和 "y" 的四种比较结果。代码如图6.20所示。

```
using System;
0 个引用
class Program
{
    0 个引用
    static void Main(string[] args)
    {
        int x = 23, y = 15;        //声明整型变量x,y
                                    //声明bool型变量 result1, result2, result3, result4,

        bool result1;
        bool result2;
        bool result3;
        bool result4;
        result1 = x > y;
        result2 = x < y;
        result3 = x >= y;
        result4 = x <= y;
        Console.WriteLine(result1);
        Console.WriteLine(result2);
        Console.WriteLine(result3);
        Console.WriteLine(result4);
        Console.ReadLine();
    }
}
```

图6.20

结果如图6.21所示。

图6.21

（4）位逻辑运算符

在C#中可以对整型运算对象按位进行逻辑运算。按位进行逻辑运算的意义是：依次取被运算对象的每个位进行逻辑运算，每个位的逻辑运算结果是结果值的每个位。C#支持的位逻辑运算符如表6.8所示。

表6.8 位逻辑运算符

运算符号	意义	运算对象类型	运算结果类型	对象数	实例
~	位逻辑非运算	整型、字符型	整型	1	~a
&	位逻辑与运算			2	a & b
|	位逻辑或运算			2	a | b
^	位逻辑异或运算			2	a ^ b

①位逻辑非运算

位逻辑非运算是单目的，只有一个运算对象。位逻辑非运算按位对运算对象的值进行非运算，即如果某一位等于0，就将其转变为1；如果某一位等于1，就将其转变为0。比如，对二进制的10010001进行位逻辑非运算，结果等于01101110。

②位逻辑与运算

位逻辑与运算将两个运算对象按位进行与运算。与运算的规则：1与1等于1；1与0等于0。比如：10010001&11110000等于10010000。

③位逻辑或运算

位逻辑或运算将两个运算对象按位进行或运算。或运算的规则：1或1等于1；1或0等于1；0或0等于0。比如：10010001|11110000等于11110001。

④位逻辑异或运算

位逻辑异或运算将两个运算对象按位进行异或运算。异或运算的规则：1异或1等于0；1异或0等于1；0异或0等于0。即相同得0，相异得1。比如：10010001^11110000等于01100001。

（5）移位运算符

①位左移运算

位左移运算将整个数按位左移若干位，左移后空出的位用0填补。例如：8位的byte型变量byte a=0x65(即二进制的01100101)，将其左移3位：a<<3的结果是0x27(即二进制的00101000)。左移相当于乘，左移一位相当于该数乘以2，左移两位相当于该数乘以4，左移3位相当于该数乘以8，即

$x<<1=x\times2$

$x<<2=x\times4$

$x<<3=x\times8$

$x<<4=x\times16$

②位右移运算

位右移运算将整个数按位右移若干位，右移后空出的位用0填补。例如：8位的byte型变量byte a=0x65(即二进制的01100101)，将其右移3位：a>>3的结果是0x0c(二进制00001100)。右移相当于整除，右移一位相当于该数除以2，右移两位相当于该数除以4，右移3位相当于该数除以8。

在进行位与、或、异或运算时，如果两个运算对象的类型一致，则运算结果的类型就是运算对象的类型，比如对两个int变量a和b做与运算，运算结果的类型还是int型；如果两个运算对象的类型不一致，则C#要对不一致的类型进行类型转换，变成一致的类型，然后进行运算。类型转换的规则同算术运算中整型量的转换规则一致。

（6）特殊算数运算符

为了简化程序代码，采用了自增自减运算符。

①自增运算符 "++"

自增运算符 "++" 是将操作数加1。自增运算符可以出现在操作数之前和之后。

第一种为y=++x；

第二种为y=x++；

第一种形式是前缀增量操作。该操作是x的值加1，结果把x+1赋给y。

第二种形式是后缀增量操作。该操作是x的值加1，结果只把x赋给y。

【例】创建控制台程序，设定整型x1、x2、y1、y2。代码如图6.22所示。

```
using System;
0 个引用
class Program
{
    0 个引用
    static void Main(string[] args)
    {
        int x1 = 5, x2 = 10;
        int y1, y2;
        y1 = x1++;
        y2 = ++x2;
        Console.WriteLine(x1);
        Console.WriteLine(y1);
        Console.WriteLine(x2);
        Console.WriteLine(y2);
        Console.ReadLine();
    }
}
```
图6.22

结果如图6.23所示。

图6.23

②自减运算符 "--"

自减运算符 "--" 是将操作数减1。自减运算符可以出现在操作数之前和之后。

第一种为y=--x；

第二种为y=x--；

第一种形式是前缀增量操作。该操作是x的值减去1，结果把x-1赋给y。

第二种形式是后缀增量操作。该操作是x的值减去1，结果只把x赋给y。

【例】代码如图6.24所示。

```
using System;
0 个引用
class MainClass
{
    0 个引用
    static void Main()
    {
        double x;
        x = 5.5;
        Console.WriteLine(--x);
        x = 5.5;
        Console.WriteLine(x--);
        Console.WriteLine(x);
        Console.ReadLine();
    }
}
```
图6.24

结果如图6.25所示。

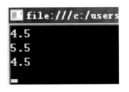

图6.25

6.3.3　运算符优先级

每一个运算符都有一定的优先级，决定了它在表达式中的运算次序。在同一表达式中，先执行优先级高的运算符，再执行优先级低的运算符；优先级相同的按结合性从左向右或从右向左的顺序执行。表6.9所示为C#基本运算符。

表6.9　C#基本运算符

类型	运算符
基本	( )，x++，x--
一元	+，-，!，~，++x，--x，(T)x
乘除	*，/，%
加减	+，-
移位	<<，>>
关系和类型检测	<，>，<=，>=，is，as
相等	==，!=
逻辑与	&
逻辑异或	^
逻辑或	|
条件与	&&
条件或	||
条件	?:
赋值	=，*=，/=，%=，+=，-=，<<=，>>=，&=

当表达式中出现两个具有相同优先级的运算符时，根据结合性进行计算。左结合运算符按从左到右的顺序计算。例如，x*y/z计算为（x*y)/z。右结合运算符按从右到左的顺序计算。赋值运算符和三元条件运算符（?:)是右结合运算符。其他所有二元运算符都是左结合运算符。

虚拟现实建模工具
——3ds Max

7.1　3ds Max的基础知识

3ds Max具有强大的功能，它广泛应用于建筑、游戏、影视、动漫等领域。

7.1.1　工作界面

在学习3ds Max的具体使用方法之前，我们先来认识一下3ds Max的工作界面。启动3ds Max后，就可以进入图7.1所示的工作界面。

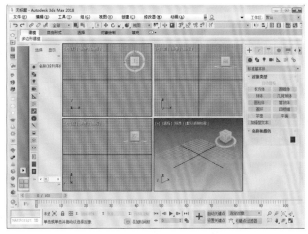

图7.1

（1）标题栏

标题栏位于界面的顶端，主要用于显示软件的版本信息以及当前所打开文件的名称等信息。

（2）菜单栏

菜单栏位于标题栏的下方，主要包括文件、编辑、工具、组、视图、创建、修改器、动画等菜单命令。

（3）工具栏

默认状态下，工具栏位于菜单栏的下方，它以按钮的形式提供了一些常用编辑操作命令的快捷访问方式。

（4）命令面板

命令面板中提供了丰富的命令资源，利用该面板不仅可以创建各种几何体、球体、灯光和摄像机等对象，还可以对它们进行修改、建立层次关系、创建动画，以及控制对象的显示、隐藏和冻结等。

（5）视图

视图是3ds Max软件的主要操作区域，所有对象的变换和编辑都在视图中进行，默认界面主要是显示顶、前、左、透视四个视图。用户可以通过这些视图以不同的角度观察场景。

（6）状态栏和时间控件

在视图的下方，有轨迹栏、MAXScript迷你侦听器、状态栏、提示行、动画和时间控件、视口控制工具等，通过这些工具，可以方便地创建和控制场景中的对象。

7.1.2　视图区

本小节将讲解如何查看视口，并结合实例讲解如何进行显示视图、缩放视图、平移视图、旋转视图等一系列操作。

（1）显示视图

下面将介绍如何以隐藏线方式显示视图，其具体操作步骤如下：

①打开配套资源中的Cha07\7.1\视图显示.max素材文件，在摄影机视图中，单击【用户定义】右侧的选项，在弹出的快捷菜单中选择【隐藏线】命令，如图7.2所示。

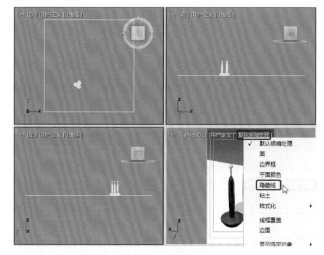

图7.2

②执行该操作后，即可将该视图以隐藏线方式显示，如图7.3所示。

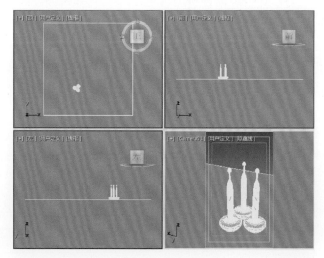

图7.3

（2）缩放视图

下面将介绍如何缩放视图，其具体操作步骤如下：

①在菜单栏中选择【文件】命令，在弹出的下拉菜单中选择【打开】命令，如图7.4所示。

图7.4

②打开配套资源中的Cha07\7.1\缩放视图.max素材文件，如图7.5所示。

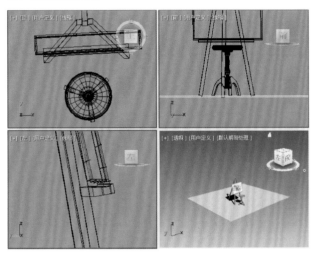

图7.5

③单击Max界面右下角的【缩放】按钮 🔍，按住鼠标在透视图中进行缩放，效果如图7.6所示。

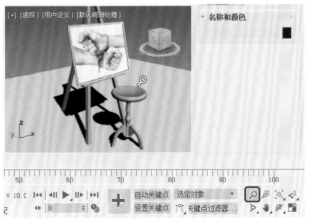

图7.6

④调整完成后，按F9键对【透视】视图进行渲染，渲染后的效果如图7.7所示。

图7.7

（3）平移视图

下面将介绍如何在3ds Max中平移视图，其具体操作步骤如下：

①继续上面的操作，单击界面右下角的【平移视图】按钮 🖐️，如图7.8所示。

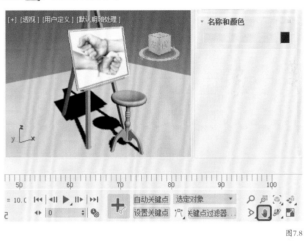

图7.8

②单击该按钮后，按住鼠标，对要平移的视图进行拖动，即可平移该视图，如图7.9所示。

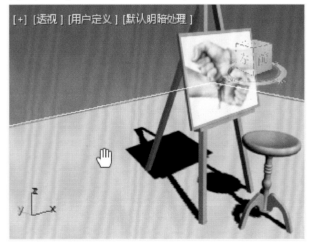

图7.9

（4）最大化视口

在3ds Max中制作场景时，视图中的对象难免会有显示不全的情况，用户可以将该视图切换至最大。切换最大化视口的具体操作步骤如下：

①继续上面的操作，单击界面右下角的【最大化视口切换】按钮，如图7.10所示。

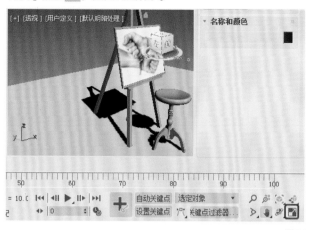

图7.10

②执行该操作后，即可将该视口最大化显示，如图7.11所示。

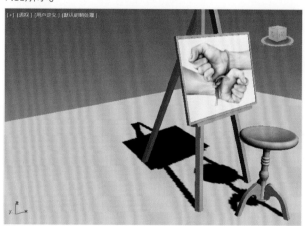

图7.11

（5）旋转视图

在3ds Max中，用户为了更好地进行操作，可以对视图进行旋转。旋转视图的具体操作步骤如下：

①继续上面的操作，单击界面右下角的【环绕子对象】按钮，如图7.12所示。

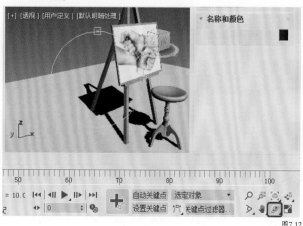

图7.12

②单击该按钮后，在【透视】视图中按住鼠标进行旋转，旋转后的效果如图7.13所示。

③按F9键对【透视】视图进行渲染，渲染后的效果如图7.14所示。

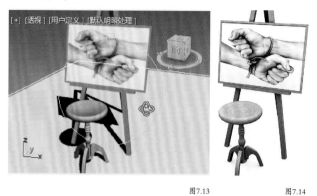

图7.13   图7.14

（6）查看栅格

【栅格】主要用于控制主栅格和辅助栅格物体。下面将介绍如何显示主栅格并设置栅格间距，其具体操作步骤如下：

①打开配套资源中的Cha07\7.1\查看栅格.max素材文件，激活【左】视图，在菜单栏中选择【工具】|【栅格和捕捉】|【显示主栅格】命令，如图7.15所示。

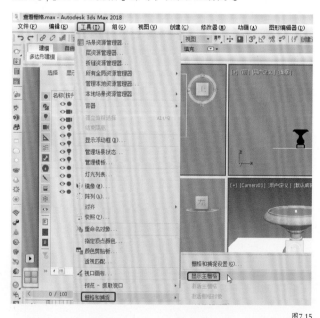

图7.15

②选择完成后，即可显示主栅格，显示后的效果如图7.16所示。

（7）配置视口

下面将介绍如何使用视口配置对话框更改视口布局，其具体操作步骤如下：

①打开配套资源中的Cha07\7.1\配置视口.max素材文

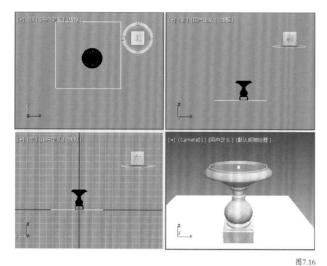

图7.16

件，如图7.17所示。

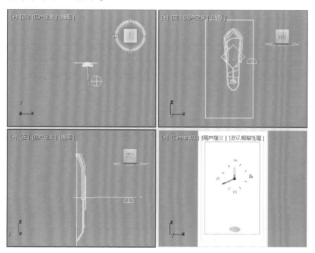

图7.17

②在菜单栏中选择【视图】|【视口配置】命令，如图7.18所示。

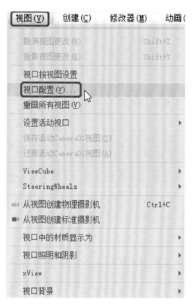

图7.18

③执行该操作后，即可打开【视口配置】对话框，在该对话框中选择【布局】选项卡，在该对话框中选择图7.19所示的视口布局。

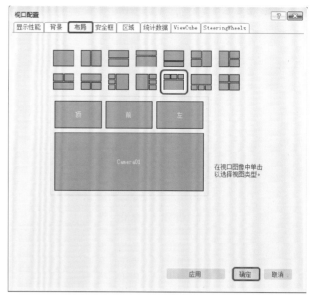

图7.19

④选择完成后，单击【确定】按钮，即可更改视口布局，如图7.20所示。

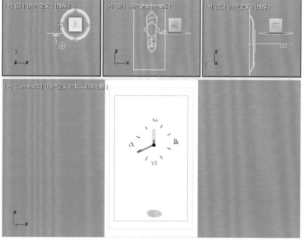

图7.20

（8）改变视口布局

在3ds Max中，用户可以根据需要手动更改视口的大小，其具体操作步骤如下：

①打开配套资源中的Cha07\7.1\配置视口.max素材文件，如图7.21所示。

②将鼠标放置在要更改大小的视口边缘，当鼠标变为双向控制柄时，按住鼠标对其进行拖动，在合适的位置上释放鼠标，即可更改视口的大小，调整后的效果如图7.22所示。

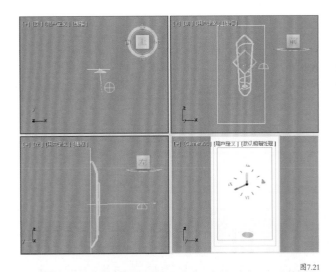

图7.21

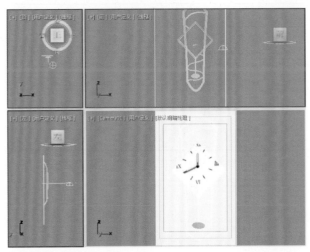

图7.22

（9）显示安全框

显示安全框可以将图像限定在安全框的活动区域中，这样在渲染过程中使用安全框可以确保渲染输出的尺寸匹配背景图像尺寸，可以避免扭曲，显示安全框的具体操作步骤如下：

①打开配套资源中的Cha07\7.1\瓶盖.max素材文件，如图7.23所示。

②激活【Camera001】视图，在菜单栏中选择【视图】|【视口配置】命令，如图7.24所示。

③在弹出的对话框中选择【安全框】选项卡，勾选【应用】选项组中的【在活动视图中显示安全框】复选框，如图7.25所示。

④设置完成后，单击【确定】按钮，即可显示安全框，如图7.26所示。

7.1.3　3ds Max的基本操作及文件的管理

本小节将讲解如何打开Max场景文件、新建Max场景文件、保存Max场景文件、另存为Max场景文件、合并Max场景文件等基本操作。

（1）打开Max场景文件

下面将学习如何在3ds Max中打开文件，其具体操作步骤如下：

①在菜单栏中选择【文件】|【打开】命令，如图7.27所示。

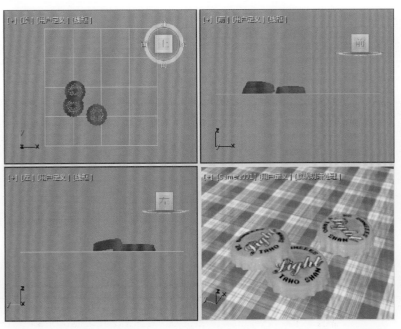

图7.23

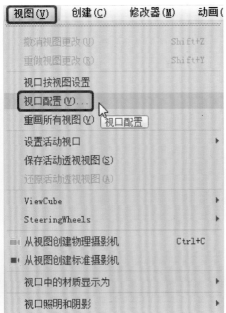

图7.24

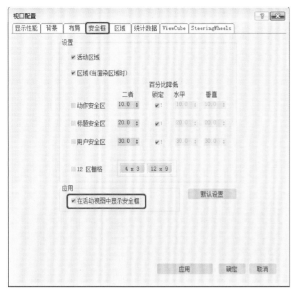

图7.25

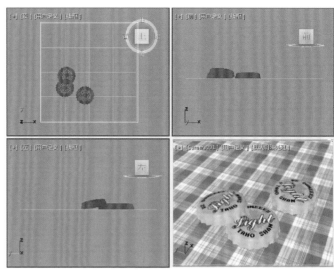

图7.26

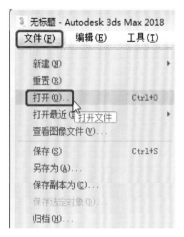

图7.27

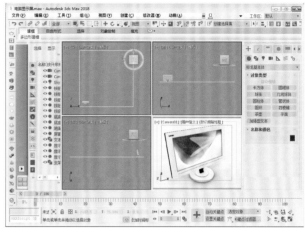

图7.29

②执行该操作后，即可弹出【打开文件】对话框，在该对话框中选择配套资源中的Cha07\7.1\电脑显示屏.max素材文件，单击【打开】按钮，如图7.28所示。

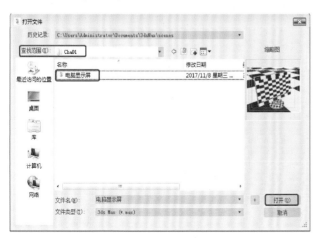

图7.28

③打开选中的素材文件，效果如图7.29所示。

（2）新建Max场景文件

在启动3ds Max应用程序时，都会新建一个Max文件，但是，我们在制作Max场景过程中，总需要创建一个新的Max文件。下面来介绍一下怎样在3ds Max中通过命令来新建文件：

①在菜单栏中选择【文件】命令，在弹出的下拉菜单中选择【新建】|【新建全部】选项，如图7.30所示。

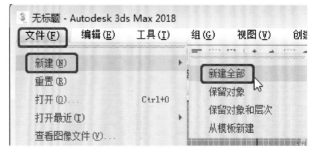

图7.30

②执行该操作后，即可新建一个空白文件，如果需要新建的文件修改后未保存，新建时，系统会弹出图7.31所示的提示对话框。

图7.31

（3）保存Max场景文件

在3ds Max中，用户可以通过以下方法来保存Max场景文件。

①在菜单栏中选择【文件】命令，在弹出的下拉列表中选择【保存】选项，如图7.32所示。

图7.32

②在弹出的对话框中输入新的文件名称，如图7.33所示。单击【保存】按钮，即可保存Max场景文件。

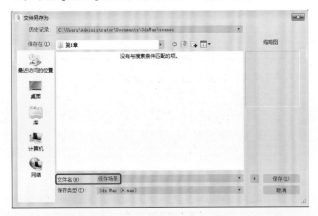

图7.33

（4）另存为Max场景文件

在3ds Max中，如果不想破坏当前场景，可以将该场景另存为其他场景，其具体操作步骤如下：

①在菜单栏中选择【文件】命令，在弹出的下拉菜单中选择【另存为】选项，如图7.34所示。

图7.34

②执行该操作后，即可打开【文件另存为】对话框，在该对话框中设置文件的保存路径、文件名和保存类型，设置完成后单击【保存】按钮即可，如图7.35所示。

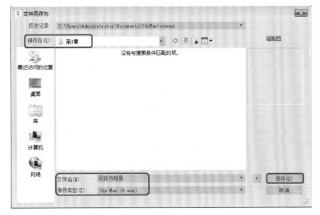

图7.35

（5）合并Max场景文件

下面以合并茶几到地面为例，来讲解场景合并的具体操作。

在3ds Max中，用户可以根据需要将两个不同的场景合并为一个，其具体操作步骤如下：

①选择【文件】命令，在弹出的下拉菜单中选择【打开】选项，打开配套资源中的Cha07\7.1\地面.max素材文件，如图7.36所示。

②选择【文件】命令，在弹出的下拉菜单中选择【导入】|【合并】命令，如图7.37所示。

③执行该命令后，即可打开【合并文件】对话框，在该对话框中选择配套资源中的Cha07\7.1\茶几.max素材文件，如图7.38所示，单击【打开】按钮。

④执行该操作后，即可打开【合并】对话框，在该对话框中选择要合并的对象，单击【确定】按钮，如图7.39所示。

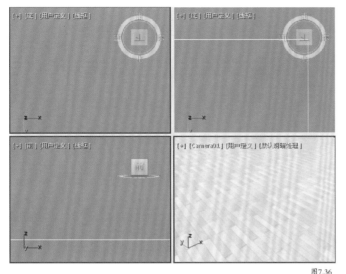

图7.36

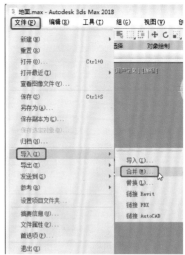

图7.37

图7.38   图7.39

⑤将选中的对象合并到【地面.max】场景文件中，效果如图7.40所示。

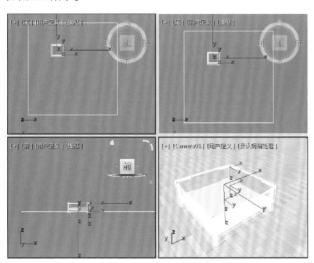

图7.40

图7.41

⑥激活摄影机视图，按F9键进行渲染，渲染后的效果如图7.41所示。

（6）导入链接

下面以导入CAD图纸来讲解场景导入的具体操作。

在3ds Max中，用户可以根据需要将一些非Max类型的文件链接到场景中。下面将介绍如何将AutoCAD文件链接到场景中，其具体操作步骤如下：

①选择【文件】命令，在弹出的下拉菜单中选择【导入】|【链接AutoCAD】选项，如图7.42所示。

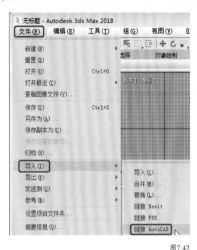

图7.42

②执行该命令后，即可弹出【打开】对话框，在该对话框中选择配套资源中的Cha07\7.1\CAD图纸.dwg素材文件，如图7.43所示，单击【打开】按钮。

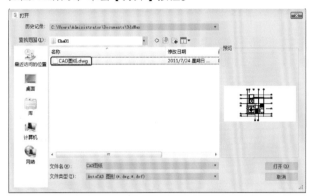

图7.43

③在弹出的【管理链接】对话框中单击【附加该文件】按钮，如图7.44所示。

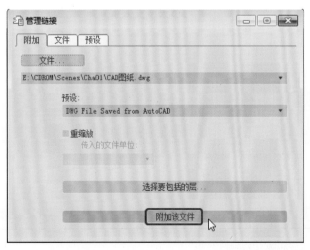

图7.44

④单击该按钮后，将该对话框关闭，即可将文件链接

到场景中，如图7.45所示。

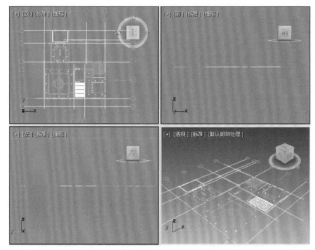

图7.45

7.1.4 对象的基本操作

在3ds Max中，在对象上执行某个操作或者执行场景中的对象之前，首先需要将其选中。因此，选择对象操作是建模和设置动画过程的基础。

（1）基本选择对象

选择对象的方法有许多种，下面将讲解如何使用【矩形选择区域】选择对象。使用【矩形选择区域】的具体操作步骤如下：

①打开配套资源中的Cha07\7.1\树.max素材文件，在工具栏中选择【矩形选择区域】按钮 ，移动鼠标至顶视图中，按住鼠标并拖拽，此时会出现一个虚线框，如图7.46所示。

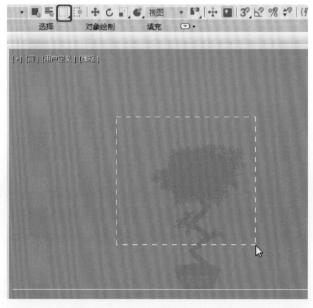

图7.46

②拖拽至合适的位置后释放鼠标，所框选的对象即可处于被选中的状态，如图7.47所示。

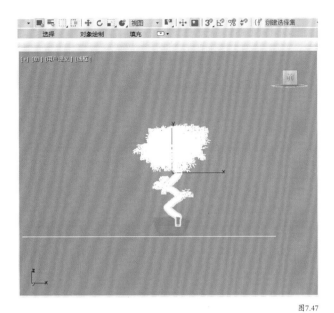

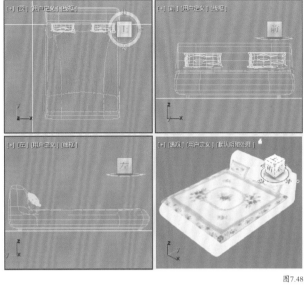

图7.47

图7.48

【反选】命令是将没有被选中的对象选择，使用【反选】命令选择对象的具体操作步骤如下：

①打开配套资源中的Cha07\7.1\床.max素材文件，如图7.48所示。

②在工具栏中单击【按名称选择】按钮，即可弹出【从场景选择】对话框，按住Shift键的同时单击需要排

除的对象的名称，如图7.49所示。

③单击【选择】按钮，在弹出的快捷菜单中选择【反选】命令，即可将未被排除的对象的名称选中，其选中的部分以蓝色的形式显示，如图7.50所示。

④单击【确定】按钮，反选后的对象四周将会出现白色线框，如图7.51所示。

图7.49

图7.50

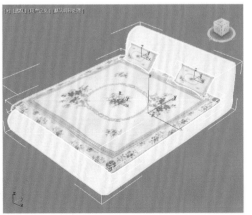

图7.51

（2）绘制选择区域

【绘制选择区域】工具是以圆环的形式选择对象的。使用【绘制选择区域】工具选择对象，可以一次选择多个操作对象。使用【绘制选择区域】工具的具体操作步骤如下：

①打开配套资源中的Cha07\7.1\茶具.max素材文件，如图7.52所示。

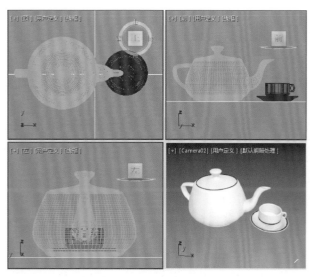

图7.52

②在菜单栏中选择【矩形选择区域】按钮，并向下拖拽，在下拉列表中选择【绘制选择区域】按钮，如图7.53所示。

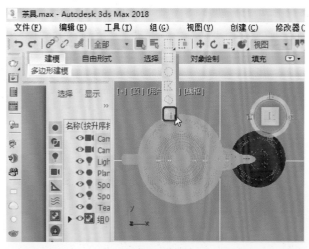

图7.53

③将鼠标移动至前视图，按住鼠标左键在空白处单击并拖拽，此时鼠标周围会出现，按住鼠标左键选中要选择的对象，如图7.54所示。

④释放鼠标后，被选取的对象将被选中，如图7.55所示。

图7.54

图7.55

（3）按名称选择对象

【按名称选择对象】命令可以很好地帮助用户选择对象，既精确又快捷，其具体的操作步骤如下：

①打开配套资源中的Cha07\7.1\茶具.max素材文件。在工具栏中单击【按名称选择】按钮，选中要选择的名称，如图7.56所示，即可弹出【从场景选择】对话框。

图7.56

②按住Ctrl键的同时在【从场景选择】对话框中单击需要选择的操作对象，可一次选取多个对象，如图7.57所示。

图7.57

③单击【确定】按钮，可观看选择对象后的效果。

（4）选择过滤器

在场景中选择【选择过滤器】按钮下的命令，可准确地选择场景中的某个对象，其具体的操作步骤如下：

①打开配套资源中的Cha07\7.1\选择过滤器.max素材文件，在工具栏中单击【选择过滤器】按钮 全部 ▼ ，在下拉列表中选择【L-灯光】命令，如图7.58所示。

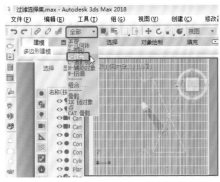

图7.58

②此时，将鼠标移动至前视图中，框选所有的操作对象，即可选择灯光对象，如图7.59所示。

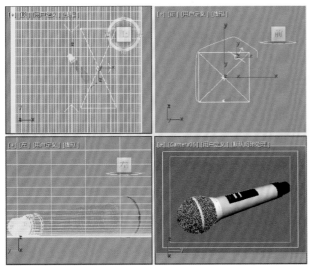

图7.59

（5）捕捉对象

3ds Max为我们提供了更加精确创建和放置对象的工具——捕捉工具。那么，什么是捕捉呢？捕捉就是根据栅格和物体的特点放置光标的一种工具，使用捕捉可以精确地将光标放置到想要的地方。

下面我们以一个例子来讲解捕捉的使用，捕捉完成后的效果如图7.60所示。具体的操作步骤如下：

图7.60

①打开配套资源中的Cha07\7.1\捕捉对象.max素材文件，如图7.61所示。

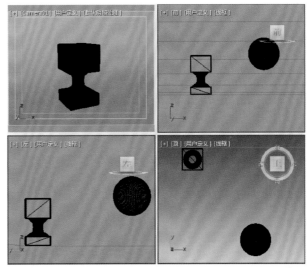

图7.61

②在工具栏中单击【捕捉开关】按钮 ，并向下拖拽，选择【2.5维捕捉】选项，然后在【2.5维捕捉】按钮 上单击鼠标右键，在弹出的【栅格和捕捉设置】对话框中勾选【轴心】选项，取消其他勾选，如图7.62所示，设置完成后将其关闭即可。

③在菜单栏中单击【选择并移动】按钮 ，移动鼠标指针至前视图中，选择对象并捕捉其顶点位置，并将其拖拽至【底部】对象上，如图7.63所示。

④激活【Camera001】视图，按F9键进行渲染，渲染完成后的效果图如图7.64所示。

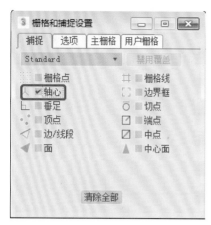

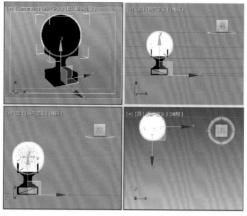

图7.62   图7.63   图7.64

（6）移动对象

选择对象并进行移动操作，在移动选择的对象时可以沿坐标轴进行移动，也可以启用【移动变换输入】对话框进行更为准确的移动。

如果需要在场景中移动某个操作对象时，可以直接手动移动此对象，其手动移动对象的具体操作步骤如下：

①打开配套资源中的Cha07\7.1\咖啡.max素材文件，如图7.65所示。

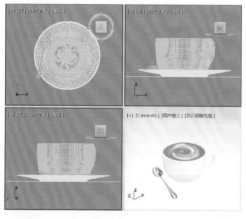

图7.65

②在工具栏中单击【选择并移动】工具，在前视图中单击需要移动的对象，按住鼠标左键即可沿Y轴或者X轴移动对象，如图7.66所示。

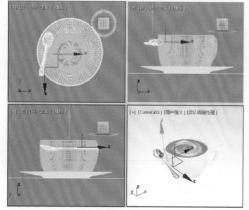

图7.66

手动移动工具可使用在一些不用精确计算移动距离的模型中，但是往往有些对象需要精确移动位置，其精确移动的具体操作步骤如下：

①打开配套资源中的Cha07\7.1\咖啡.max素材文件，在视图中选择需要移动的对象，选择工具栏中的【选择并移动】按钮并单击鼠标右键，弹出【移动变换输入】对话框，如图7.67所示。

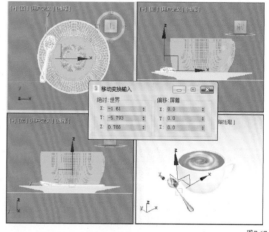

图7.67

②分别在【绝对：世界】选项组下的X、Y、Z文本框中依次输入需要移动的数值，即可在视图中精确移动对象，如图7.68所示。

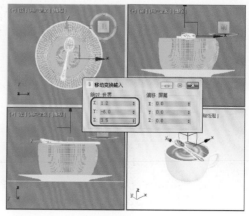

图7.68

（7）旋转对象

在场景中往往会有一些物体需要通过旋转和缩放来调整其角度和大小，其旋转时可根据选定的坐标轴定向来进行。

旋转场景中的对象时，可首先在场景中选择需要旋转的对象，然后单击工具栏中的【选择并旋转】按钮 ↺，然后进行手动旋转。其具体的操作步骤如下：

①打开配套资源中的Cha07\7.1\椅子.max素材文件，如图7.69所示。

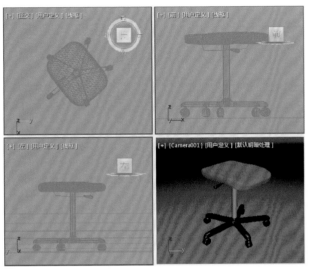

图7.69

②在前视图中单击需要旋转的对象，在菜单栏中单击【选择并旋转】按钮 ↺，当鼠标处于 ↺ 状态时，按住鼠标左键沿X方向轴移动即可旋转对象，如图7.70所示。

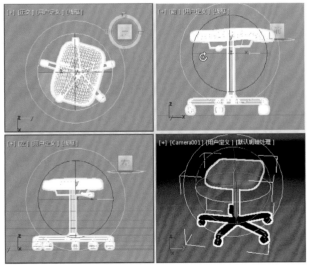

图7.70

在旋转对象时，可在工具栏中将【旋转变化输入】对话框调出，在其对话框中设置旋转的度数，可使其对象更为准确地旋转，其具体的操作步骤如下：

①打开配套资源中的Cha07\7.1\椅子.max素材文件，在顶视图中选择需要旋转的对象，选择工具栏中的【选择并旋转】按钮 ↺ 并单击鼠标右键，弹出【旋转变换输入】对话框，如图7.71所示。

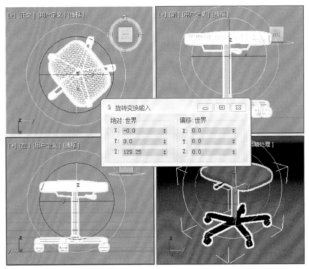

图7.71

②在【绝对：世界】选项组下的X、Y、Z文本框中输入需要旋转的数值，即可精确旋转对象，如图7.72所示。

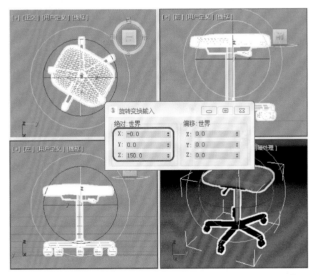

图7.72

（8）精确缩放

通过在【缩放变换输入】对话框中输入变化值来缩放对象，可以更为准确地缩放对象，其具体的操作步骤如下：

①打开配套资源中的Cha07\7.1\沙发.max素材文件，在顶视图中选择需要缩放的对象，选择工具栏中的【选择并均匀缩放】按钮 ▦ 并单击鼠标右键，弹出【缩放变换输入】对话框，如图7.73所示。

②在【绝对：局部】选项组下的X、Y、Z文本框中依次输入需要缩放的数值，按Enter键即可精确缩放，如

图7.74所示。

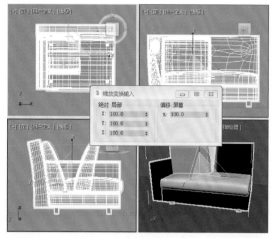

图7.73

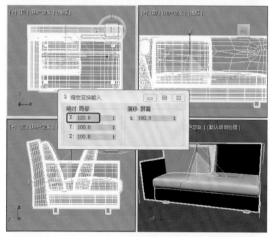

图7.74

（9）手动缩放

在Max场景中缩放对象，可在工具栏中选择【选择并均匀缩放】或者其他缩放工具对其进行缩放，使用【选择并均匀缩放】工具的具体操作步骤如下：

①打开配套资源中的Cha07\7.1\沙发.max素材文件，如图7.75所示。

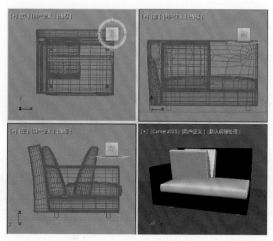

图7.75

②在透视视图中框选需要缩放的对象，选择工具栏中的【选择并均匀缩放】按钮，当鼠标处于 状态时，按住鼠标左键移动即可缩放对象，如图7.76所示。

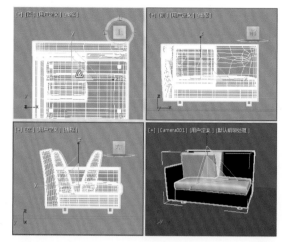

图7.76

（10）对齐对象

将选择的对象与目标对齐，其中包括位置的对齐和方向的对齐，根据各自的轴心点三角轴完成。对齐对象操作常用于排列对齐大量的对象，或将对象置于复杂的表面。

下面将讲解如何对齐对象，效果如图7.77所示。其具体的操作步骤如下：

图7.77

①打开配套资源中的Cha07\7.1\对齐对象.max素材文件，如图7.78所示。

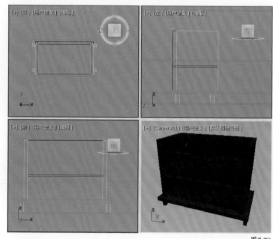

图7.78

②在工具栏中选择【按名称选择】按钮🔳，在弹出的【从场景选择】对话框中选择【柜顶】名称，如图7.79所示。

图7.79

③单击【确定】按钮即可在场景中选中对象，如图7.80所示。

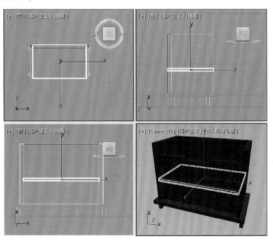

图7.80

④当对象处于选中的状态时，在工具栏中单击【对齐】按钮🔳，当鼠标处于🔳状态时，在前视图中单击【门01】对象，如图7.81所示。

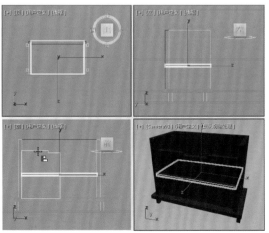

图7.81

⑤执行以上操作后，会弹出一个【对齐当前选择（门01）】对话框，取消勾选【X位置】、【Z位置】，分别在【当前对象】选项卡和【目标对象】选项卡中点选【轴点】、【最大】选项，如图7.82所示。

⑥单击【确定】按钮即可将选中的对象进行对齐，渲染效果如图7.83所示。

图7.82　　　　　　　　　　　　　　　图7.83

（11）快速对齐

【快速对齐】命令与【精确对齐】命令相似，即手动将需要对齐的对象与对齐目标快速对齐，效果如图7.84所示。其具体的操作步骤如下：

图7.84

①打开配套资源中的Cha07\7.1\快速对齐.max素材文件，在工具栏中单击【按名称选择】按钮🔳，如图7.85所示。

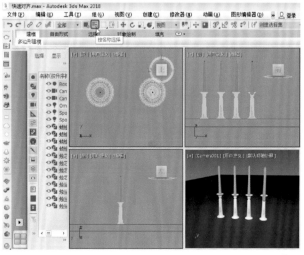

图7.85

②在弹出的【从场景选择】对话框中单击【蜡烛04】，如图7.86所示。

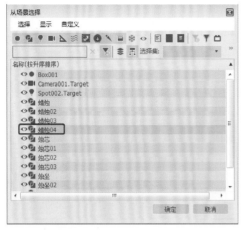

图7.86

③单击【确定】按钮，被选中的对象即可在场景中显示出来，如图7.87所示。

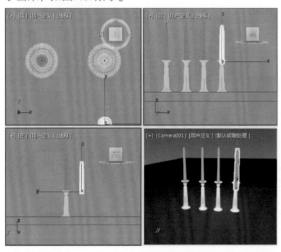

图7.87

④确定对象处于被选中的状态下，在工具栏中单击【对齐】按钮，并向下拖拽，在下拉列表中选择【快速对齐】按钮，如图7.88所示。

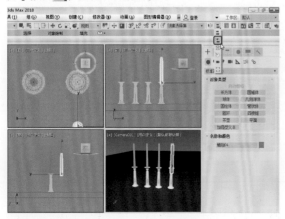

图7.88

⑤将鼠标移至顶视图中，当鼠标处于 状态时，单击视图中的【烛坐04】对象，如图7.89所示。

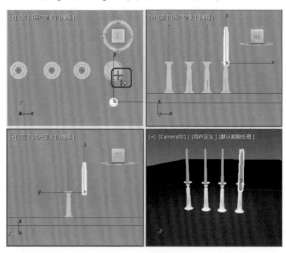

图7.89

⑥【快速对齐】后的效果如图7.90所示。

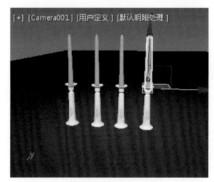

图7.90

（12）法线对齐

法线对齐就是将两个对象的法线对齐，从而使物体发生变化，对于次物体或放样物体，也可以为其指定的面进行法线对齐操作，在次物体处于激活状态时，只有选择的次物体可以法线对齐，效果如图7.91所示。具体的操作步骤如下：

图7.91

①打开配套资源中的Cha07\7.1\法线对齐.max素材文件，如图7.92所示。

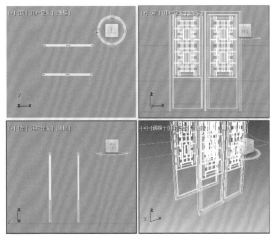

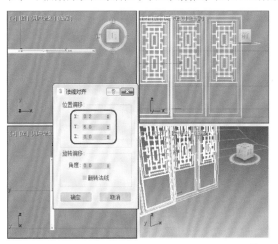

框，可根据需求在对话框中设置其数值，如图7.95所示。

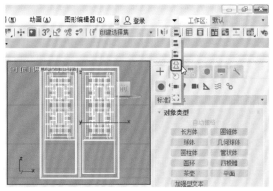

图7.92

②在视图中选择【门002】对象，在工具栏中单击【对齐】按钮，并向下拖拽，在下拉列表中选择【法线对齐】按钮，如图7.93所示。

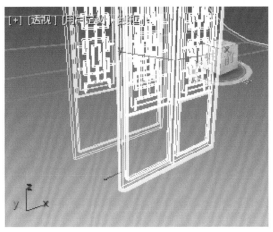

图7.93

③当鼠标处于状态时，在透视图中单击选择的对象并向下拖拽，直到在对象的下方出现蓝色法线，如图7.94所示。

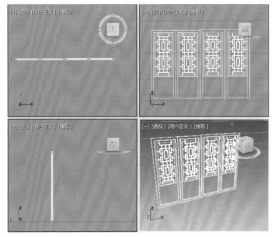

图7.95

⑤单击【确定】按钮，所选对象将按法线使目标对象对齐，如图7.96所示。

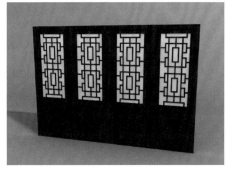

图7.96

⑥根据需要对图形进行微调，选择【透视】视图，按C键转换为摄影机视图，按F9键将场景进行渲染，渲染效果如图7.97所示。

图7.94

④再次单击门目标并拖拽鼠标，直到目标对象下方出现绿色法线时，释放鼠标，即可弹出【法线对齐】对话

图7.97

（13）阵列

创建当前选择物体的阵列（即一连串的复制物体），可以产生一维、二维、三维的阵列复制，常用于大量有序

地复制物体。在阵列中分别设置三个轴向的偏移量即可进行移动阵列，效果如图7.98所示。具体的操作步骤如下：

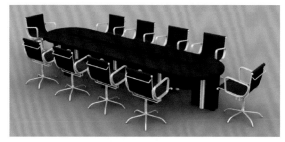

图7.98

①打开配套资源中的Cha07\7.1\阵列.max素材文件，如图7.99所示。

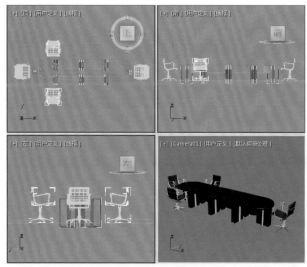

图7.99

②在顶视图中选择顶部和底部的椅子对象作为移动阵列的对象，在菜单栏中选择【工具】|【阵列】命令，如图7.100所示。

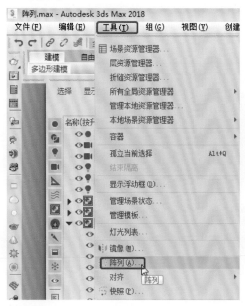

图7.100

③弹出【阵列】对话框，在【阵列变换：屏幕坐标（使用轴点中心）】选项组中激活【移动】坐标文本框，将【总计】下的X轴设置为"750.0"，在【阵列维度】选项组中设置1D的数量为"4"，单击【确定】按钮，如图7.101所示，即可在场景中阵列对象。

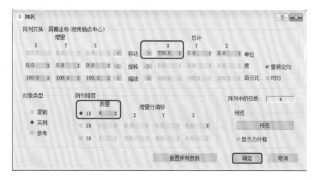

图7.101

④激活【摄影机】视图，按F9键进行快速渲染，渲染完成后的效果如图7.102所示。

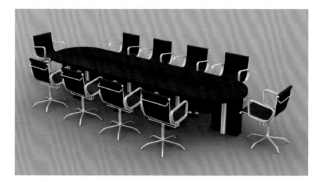

图7.102

（14）克隆对象

将当前选择的物体进行原地复制，复制的对象与原对象相同，即为克隆对象，效果如图7.103所示。具体的操作步骤如下：

图7.103

①打开配套资源中的Cha07\7.1\克隆对象.max素材文件，如图7.104所示。

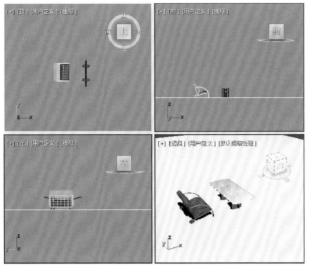

图7.104

②在视图中选择需要克隆的源对象沙发，在菜单栏中选择【编辑】|【克隆】命令，如图7.105所示。

③弹出【克隆选项】对话框，在【对象】选项组中选择【实例】，在【控制器】选项组中选择【复制】，单击【确定】按钮即可，如图7.106所示，即可在场景中克隆出沙发对象。

图7.105

图7.106

④使用【选择并移动】工具 ✛ 和【选择并旋转】工具 ↻，在视图中调整克隆对象的位置和角度，激活透视图，按F9键进行快速渲染，渲染完成后的效果如图7.107所示。

图7.107

克隆包括实例克隆、参考克隆、复制克隆。实例克隆是克隆的一种，效果如图7.108所示。其具体的操作步骤

如下：

图7.108

①打开配套资源中的Cha07\7.1\实例克隆.max素材文件，并在场景中选择需要克隆的对象，如图7.109所示。

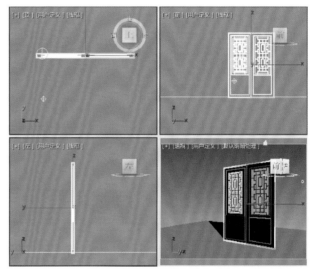

图7.109

②在菜单栏中选择【编辑】|【克隆】命令，弹出【克隆选项】对话框。在【克隆选项】对话框中的【对象】选项组中点选【实例】选项，在【控制器】选项组中点选【复制】选项，如图7.110所示。

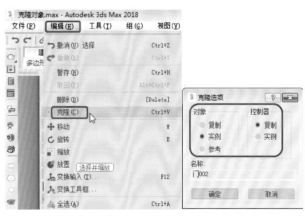

图7.110

③单击【确定】按钮，即可在场景中克隆对象，然后在视图中调整克隆对象的位置和角度，完成效果如图7.111所示。

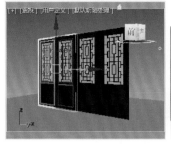

图7.111

下面将讲解如何参考克隆，参考克隆效果如图7.112所示。

图7.112

参考克隆的具体操作步骤如下：

①打开配套资源中的Cha07\7.1\参考克隆.max素材文件，并在场景中选择需要克隆的对象，如图7.113所示。

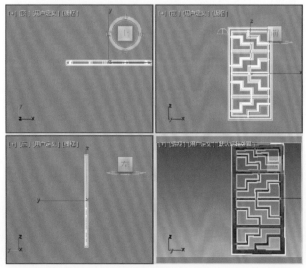

图7.113

②在菜单栏中选择【编辑】|【克隆】命令，如图7.114所示。

③在【克隆选项】对话框中的【对象】选项组中点选【参考】选项，在【控制器】选项组中点选【复制】选项，如图7.115所示。

图7.114　　　　　　　　　　图7.115

④单击【确定】按钮，即可在视图中克隆对象，在视图中调整克隆对象的位置、角度和大小，激活透视图，按F9键进行快速渲染，渲染完成后的效果如图7.116所示。

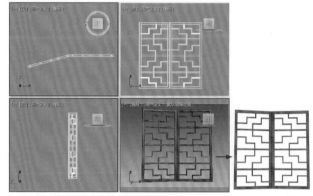

图7.116

（15）镜像复制

使用镜像复制命令可产生一个或多个物体的镜像。镜像物体可以选择不同的克隆方式，同时可以沿着指定的坐标轴进行偏移镜像。使用镜像复制可以方便地制作出物体的反射效果。

7.2　二维图形与编辑

在现实生活中，通常我们所看到的复杂而又真实的三维模型，是通过2D样条线加工而成的。本小节主要介绍如何在3ds Max中使用二维图形面板中的工具进行基础建模，使读者对基础建模有所了解，并掌握基础建模的方法，为深入学习3ds Max做好铺垫。

7.2.1　创建样条线

本小节主要讲解如何创建样条线，其中包括线、圆、弧、多边形、文本、截面、矩形、椭圆、圆环、星形、螺旋线的创建。

（1）创建线

使用【线】工具可以绘制任意形状的封闭或开放型曲

线（包括直线），如图7.117所示。

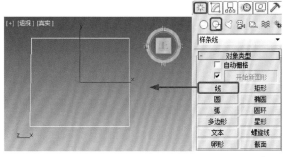

图7.117

①启动软件后，选择【创建】|【图形】|【样条线】|【线】工具，在视图中单击鼠标左键确定线条的第一个节点。

②移动鼠标指针到达想要结束线段的位置，单击鼠标左键创建另一个节点，再单击鼠标右键结束直线段的创建。

在命令面板中，【线】工具拥有自己的参数设置，如图7.118所示。这些参数需要在创建线条之前设置，【线】工具的【创建方法】卷展栏中各项功能说明如下：

图7.118

a.【初始类型】：单击后拖曳出的曲线类型，包括【角点】和【平滑】两种，可以绘制出直线和曲线。

b.【拖动类型】：单击并拖动鼠标指针时引出的曲线类型，包括【角点】、【平滑】和【Bezier】三种，贝赛尔曲线工具作为最优秀的曲度调节工具，通过两个手控柄来调节曲线的弯曲程度。

（2）创建圆

使用【圆】工具可以创建圆形，如图7.119所示。

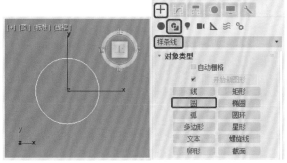

图7.119

选择【创建】|【图形】|【样条线】|【圆】工具，然后在场景中按住鼠标左键并拖动来创建圆形。在【参数】卷

展栏中只有半径参数可以设置，如图7.120所示。

图7.120

（3）创建弧

使用【弧】工具可以制作圆弧曲线或扇形，如图7.121所示。

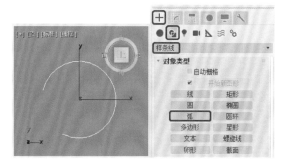

图7.121

①选择【创建】|【图形】|【样条线】|【弧】工具，在视图中按住鼠标左键并拖动来绘制一条直线。

②拖动至合适的位置后释放鼠标左键，移动鼠标并在合适位置单击确定圆弧的半径。

完成对象的创建之后，可以在命令面板中对其参数进行修改，如图7.122所示。

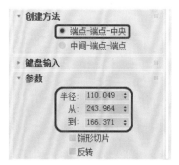

图7.122

【弧】工具的【创建方法】、【参数】卷展栏中各项功能说明如下。

【创建方法】卷展栏：

a.【端点-端点-中央】：这种建立方式是先引出一条直线，以直线的两端点作为弧的两端点，然后移动鼠标，确定弧长。

b.【中间-端点-端点】：这种建立方式是先引出一条直线作为圆弧的半径，然后移动鼠标，确定弧长，这种建立方式对扇形的建立非常方便。

【参数】卷展栏：

a.【半径】：设置圆弧的半径大小。

b.【从】/【到】：设置弧起点和终点的角度。

c.【饼形切片】：选中该复选框，将建立封闭的扇形。

d.【反转】：可将弧线方向反转。

（4）创建多边形

使用【多边形】工具可以创建任意边数的正多边形，如图7.123所示，并可以创建圆角多边形。

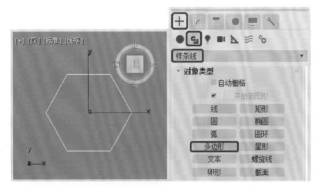

图7.123

选择【创建】|【图形】|【样条线】|【多边形】工具，然后在视图中按住鼠标左键并拖动创建多边形。在【参数】卷展栏中可以对多边形的半径、边数等参数进行设置，其【参数】卷展栏如图7.124所示，该卷展栏中各项功能如下：

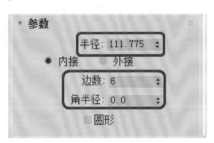

图7.124

a.【半径】：设置多边形的半径大小。

b.【内接】/【外接】：确定以外切圆半径还是内切圆半径作为多边形的半径。

c.【边数】：设置多边形的边数。

d.【角半径】：设置圆角的半径大小，可创建带圆角的多边形。

e.【圆形】：设置多边形为圆形。

（5）创建文本

使用【文本】工具可以直接产生文字图形，字形的内容、大小、间距都可以调整，而且用户在完成动画制作后，仍可以修改文字的内容。

选择【创建】|【图形】|【样条线】|【文本】工具，在【参数】卷展栏的文本框中输入需要的文本，在视图中

单击鼠标左键即可创建文本图形，如图7.125所示。在【参数】卷展栏中可以对文本的字体、字号、间距以及文本的内容进行修改，【文本】工具的【参数】卷展栏如图7.126所示，该卷展栏中各项功能如下：

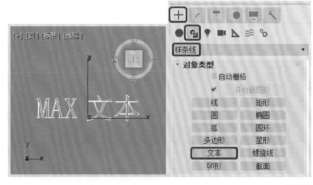

图7.125

图7.126

a.【大小】：设置文字的大小。

b.【字间距】：设置文字之间的间隔距离。

c.【行间距】：设置文字行与行之间的距离。

d.【文本】：用来输入文本文字。

e.【更新】：设置修改参数后，视图是否立刻进行更新显示。遇到大量文字处理时，为了加快显示速度，可以选中【手动更新】复选框，自行更新视图。

（6）创建截面

使用【截面】工具可以通过截取三维造型的截面而获得二维图形，使用此工具建立一个平面，可以对其进行移动、旋转和缩放，当它穿过一个三维造型时，会显示出截获的截面，在命令面板中单击【创建图形】按钮，可以将这个截面制作成一个新的样条曲线。

下面来制作一个截面图形，操作步骤如下：

①选择【创建】|【几何体】|【标准基本体】|【茶壶】工具，在顶视图中创建一个茶壶，大小可自行设置，如图7.127所示。

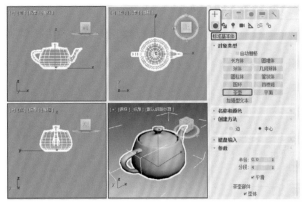

图7.127

②选择【创建】|【图形】|【样条线】|【截面】工具，在前视图中按住鼠标左键并拖动，创建一个截面，如图7.128所示。

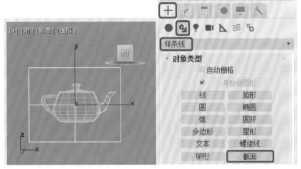

图7.128

③在【截面参数】卷展栏中单击【创建图形】按钮，在打开的【命名截面图形】对话框中进行命名，单击【确定】按钮即可创建一个模型的截面，如图7.129所示。

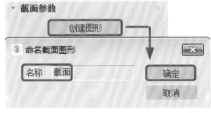

图7.129

④使用【选择并移动】工具调整模型的位置，可以看到创建的截面图形，如图7.130所示。

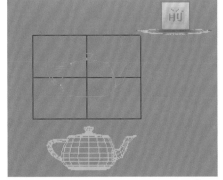

图7.130

（7）创建矩形

【矩形】工具是经常用到的一个工具，可以用来创建矩形，如图7.131所示。

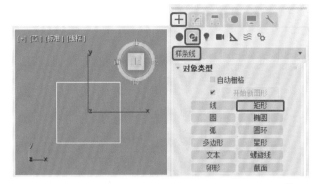

图7.131

创建矩形与创建多边形时的方法基本一样，都是通过拖动鼠标左键来创建的。在【参数】卷展栏中包含3个常用参数，如图7.132所示。

图7.132

矩形工具的【参数】卷展栏中各项功能说明如下：

a.【长度】、【宽度】：设置矩形的长、宽值。

b.【角半径】：确定矩形的四个角是直角还是有弧度的圆角。

（8）创建椭圆

使用【椭圆】工具可以绘制椭圆形，如图7.133所示。

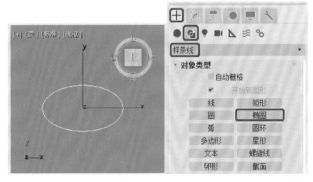

图7.133

与圆形的创建方法相同，只是椭圆形使用【长度】和【宽度】两个参数来控制椭圆形的大小和形态，若将【轮廓】勾选并设置厚度值即可创建类似圆环的形状，其【参数】卷展栏如图7.134所示。

图7.134

（9）创建圆环

使用【圆环】工具可以制作同心的圆环，如图7.135所示。

图7.135

圆环的创建要比圆形的创建复杂一点，其相当于创建两个圆形。下面我们来创建一个圆环：

①选择【创建】|【图形】|【样条线】|【圆环】工具，在视图中单击鼠标左键并拖动，拖曳出一个圆形后松开鼠标。

②松开鼠标后，向内或向外移动鼠标，拖出圆环的厚度，至合适位置处单击鼠标左键即可完成圆环的创建。

在【参数】卷展栏中，圆环有两个半径参数(半径 1、半径 2)，分别用于控制两个圆形的半径，如图7.136所示。

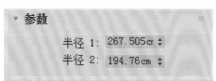

图7.136

（10）创建星形

使用【星形】工具可以创建多角星形，尖角可以钝化为圆角，制作齿轮图案；尖角的方向可以扭曲，从而将生成锯齿形效果；通过变换参数可以产生许多奇特的图案，如图7.137所示。

图7.137

星形创建步骤如下：

①选择【创建】|【图形】|【样条线】|【星形】工具，在视图中单击鼠标左键并拖动，拖曳出一级半径。

②松开鼠标后移动鼠标指针，拖曳出二级半径，单击鼠标左键完成星形的创建。

【参数】卷展栏如图7.138所示。

图7.138

a.【半径1】、【半径2】：分别设置星形的外径和内径。

b.【点】：设置星形的尖角个数。

c.【扭曲】：设置尖角的扭曲度。

d.【圆角半径1】、【圆角半径2】：分别设置星形的内部角和外部角的圆角半径。

（11）创建螺旋线

【螺旋线】工具用来制作平面或空间的螺旋线，常用于完成弹簧、线轴等造型，或用来制作运动路径，如图7.139所示。

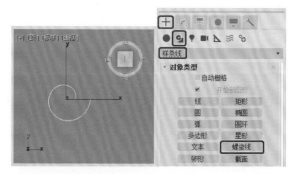

图7.139

螺旋线的创建步骤如下：

①选择【创建】|【图形】|【样条线】|【螺旋线】工具，在顶视图中单击鼠标左键并拖动，绘制一级半径。

②松开鼠标后移动鼠标指针，绘制螺旋线的高度。

③单击鼠标左键确定螺旋线的高度，然后再按住鼠标左键移动鼠标指针，绘制二级半径后单击鼠标左键，完成螺旋线的创建。

在【参数】卷展栏中可以设置螺旋线的两个半径、圈数等参数，如图7.140所示。

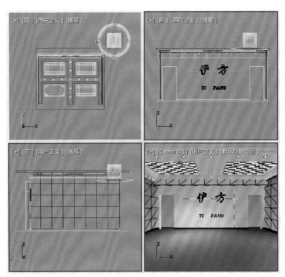

图7.142

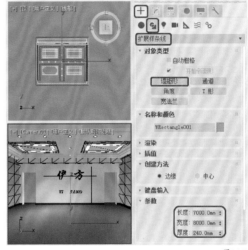

图7.143

a.【半径1】、【半径2】：设置螺旋线的外径和内径。

b.【高度】：设置螺旋线的高度，此值为0时，是一个平面螺旋线。

c.【圈数】：设置螺旋线旋转的圈数。

d.【偏移】：在螺旋高度上，设置螺旋圈的偏向强度。

e.【顺时针】、【逆时针】：分别设置两种不同的旋转方向。

7.2.2 创建扩展样条线

扩展样条线是对原始样条线集的增强，其包括墙矩形、通道、角度、T形、宽法兰，下面我们以实例的形式来讲解墙矩形、T形样条线的使用。

（1）创建墙矩形

使用【墙矩形】可以通过两个同心矩形创建封闭的形状。每个矩形都由四个顶点组成。【墙矩形】与【圆环】工具相似，只是其使用的是矩形而不是圆。其效果如图7.141所示。

①按住【Ctrl+O】组合键，打开配套资源中的Cha07\7.2扩展样条线.max素材文件，如图7.142所示。

②选择【创建】|【图形】|【扩展样条线】|【墙矩形】工具，在顶视图中创建一个墙矩形，在【参数】卷展栏中将【长度】设置为"7000.0mm"，【宽度】设置为"8000.0mm"，【厚度】设置为"240.0mm"，如图7.143所示。

③切换到【修改命令】面板，在【修改器列表】中选择【挤出】修改器，在【参数】卷展栏中将【数量】设置为"3640.0mm"，将对象移动到合适的位置，并在【材质编辑器】中指定【墙体】材质，如图7.144所示。

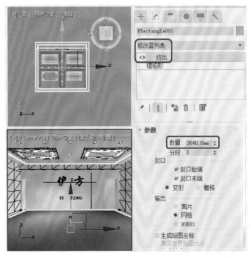

图7.144

77

④设置完成后，按F9键进行渲染，效果如图7.145所示。

图7.145

（2）创建T形

使用【T形样条线】可以绘制出"T"字形样条线，并可以指定该部分的垂直网和水平凸缘之间的内部角半径。其效果如图7.146所示。

图7.146

7.3 三维建模

在三维动画的制作中，三维建模是最重要的一部分，在三维动画领域中，要求制作者能够利用手中的工具创建出适合的高品质三维模型。在3ds Max中提供了两种基础的三维建模方式，分别为标准基本体建模和高级建模，接下来将介绍这两种三维建模方式。

7.3.1 标准基本体建模

3ds Max中提供了非常容易使用的基本几何体建模工具，只需拖拽鼠标，即可创建一个几何体。标准基本体是3ds Max中最简单的一种三维物体，用它可以创建长方体、球体、圆柱体、圆环、茶壶等。本小节就来介绍一下标准基本体的创建以及参数设置。

（1）创建长方体

使用【长方体】工具可以创建立方体对象，通过设置长度、宽度、高度的参数可以控制对象的形状，如果只设置其中的两个参数，则可以产生矩形平面。效果如图7.147所示。

图7.147

（2）创建圆锥体

使用【圆锥体】工具可以创建直立或倒立的圆锥体。效果如图7.148所示。

图7.148

（3）创建球体

使用【球体】工具可以创建完整的球体、半球体或球体的其他部分。效果如图7.149所示。

图7.149

（4）创建圆柱体

使用【圆柱体】工具可以创建圆柱体，还可以围绕其主轴进行【切片】。创建圆柱体效果如图7.150所示。

图7.150

（5）创建管状体

使用【管状体】工具可以创建圆形和棱柱管道。管状体类似于中空的圆柱体。创建管状体效果如图7.151所示。

图7.151

（6）创建圆环

使用【圆环】工具可以创建立体的圆环圈。创建圆环效果如图7.152所示。

图7.152

（7）创建茶壶

使用【茶壶】工具不仅可以创建整个茶壶，还可以创建茶壶的某一部分。创建茶壶效果如图7.153所示。

图7.153

（8）创建平面

使用【平面】工具可以创建平面，【平面】对象是特殊类型的平面多边形网格，可在渲染时无限放大。创建平面效果如图7.154所示。

图7.154

（9）创建四棱锥

使用【四棱锥】工具可以创建拥有正方形或矩形底部和三角形侧面的四棱锥基本体。创建四棱锥效果如图7.155所示。

图7.155

7.3.2　高级建模

3ds Max除了通过基本体建模外，还可以通过修改器进行建模，下面对其进行详细介绍。

（1）复合对象建模

复合物体就是两个及两个以上的物体组合而成的一个新物体。复合物体的创建工具主要包括【变形】、【散布】、【一致】、【连接】、【水滴网格】、【布尔】、【图形合并】、【地形】、【放样】、【网格化】、【ProBoolean】、【ProCutter】工具。

选择【创建】|【几何体】|【复合对象】选项，在图7.156所示的命令面板中，利用各个按钮创建复合物体，也可以在菜单栏中选择【创建】|【复合】命令，在其子菜单中选择相应的命令，如图7.157所示。下面将对常用的复合对象类型以实例的形式进行详细介绍。

图7.156   图7.157

①布尔复合对象

布尔复合对象通过对两个对象进行布尔操作将它们组合起来，通过布尔运算可以制作出复杂的复合物体。布尔运算方式有并集、交集和差集运算。以下主要介绍并集和差集运算。

A.并集运算

并集运算是指将两个对象进行合并，然后将相交的部分删除，完成后的效果如图7.158所示。

图7.158

B.差集运算

使用差集运算完成后的效果如图7.159所示。

图7.159

②放样复合对象

放样的原理就是在一条指定的路径上排列截面，从而形成对象表面。放样对象由两个因素组成，即放样路径和放样图形。下面将介绍【放样】工具的使用方法。

A.创建放样对象

如果创建放样对象，必须要有放样图形和放样路径，然后再通过【放样】工具将其组成放样对象，创建放样对象的具体操作步骤如下：

a.重置一个新的场景，按【Ctrl+O】组合键打开素材文件5.1.max，打开后的场景如图7.160所示。

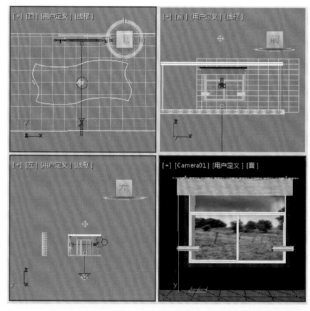

图7.160

b.在场景中选择全部对象，将其隐藏显示，选择【创建】|【图形】|【线】工具，分别在前视图和顶视图中绘制图7.161所示的路径。

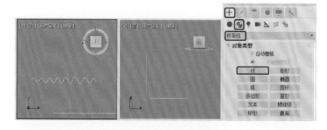

图7.161

c.然后将绘制的直线重命名为【路径1】、将绘制的曲线重命名为【路径2】。在场景中选择【路径2】对象，为其添加【噪波】修改器，在【参数】卷展栏中将【噪波】选项组中的【种子】设置为"14"，在【强度】选项组中将【Y】轴、【Z】轴分别设置为"4.0""5.0"，如图7.162所示。

d.确认【路径2】对象处于被选择的状态下，选择【创建】|【几何体】|【复合对象】|【放样】工具，如图7.163所示。

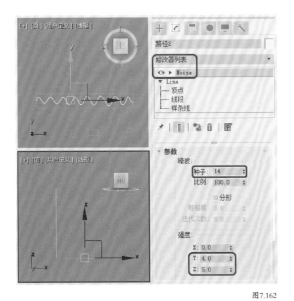

图7.162

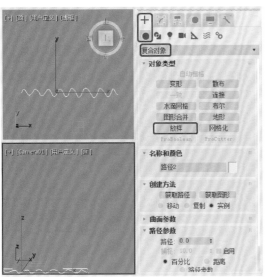

图7.163

e.在【创建方法】卷展栏中单击【获取路径】按钮,在场景中选择【路径1】对象,如图7.164所示。

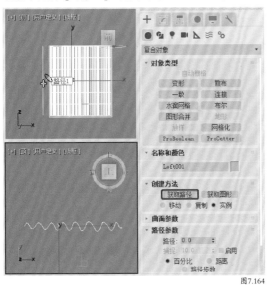

图7.164

f.在场景中选择放样后的对象,切换至【修改】命令面板,将当前选择集定义为【图形】,然后在场景中按住Shift键的同时选择绘制的【路径2】对象,在【图形命令】面板中单击【对齐】选项组中的【左】按钮,如图7.165所示。

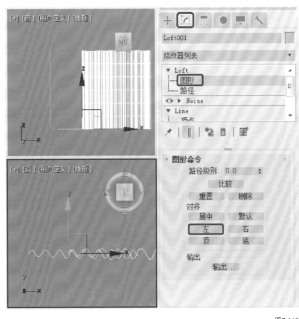

图7.165

B.设置蒙皮参数

设置蒙皮参数的具体操作步骤如下:

a.继续上一实例的操作,选择放样的复合对象,退出当前选择集,效果如图7.166所示。

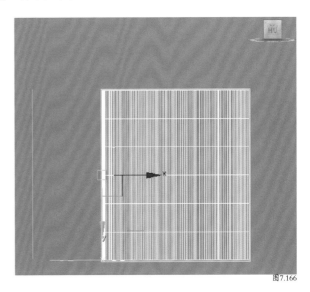

图7.166

b.切换至【修改】命令面板,在【蒙皮参数】卷展栏中将【图形步数】设置为"20",取消勾选【自适应路径步数】复选框,勾选【变换降级】复选框,如图7.167所示。

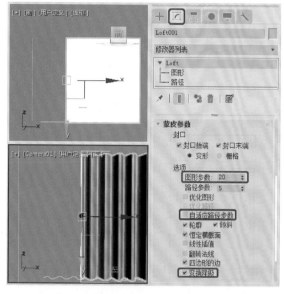

图7.167

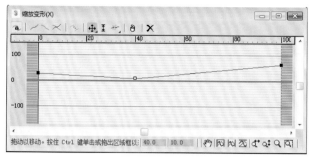

图7.169

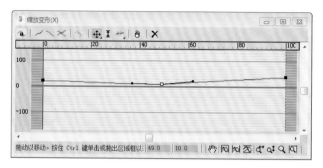

图7.170

C.缩放变形

下面将介绍如何对放样的图形进行缩放，其具体操作步骤如下：

a.继续上一实例的操作，选择放样的对象，切换至【修改】命令面板，在【变形】卷展栏中单击【缩放】按钮，如图7.168所示。

d.将该对话框关闭，全部取消隐藏，并将其调整至合适的位置，如图7.171所示。

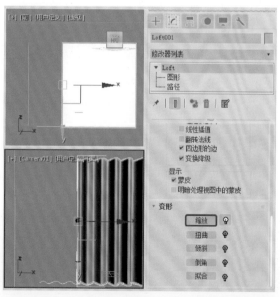

图7.168

图7.171

e.选择放样后的对象，将其重命名为【窗帘】，在工具箱中单击【镜像】按钮，打开【镜像：局部 坐标】对话框，在【镜像轴】选项组中选择【X】选项，将【偏移】设置为"6980.0"，在【克隆当前选择】选项组中点选【复制】选项，设置完成后单击【确定】按钮，如图7.172所示。

f.为两个窗帘对象指定【窗帘01】材质，激活【摄影机】视图，按F9键进行渲染，效果如图7.173所示。

D.扭曲变形

下面将介绍对放样复合对象进行扭曲变形操作，扭曲变形后的效果如图7.174所示。

b.执行以上操作后，即可打开【缩放变形】对话框，将最左侧的控制点的垂直位置设置为22，将最右侧的控制点的垂直位置设置为38，在第49帧位置插入控制点，并将其垂直位置设置为10，如图7.169所示。

c.选择中间的控制点，单击鼠标右键，在弹出的快捷菜单中选择【Bezier角点】选项，将调整控制点的弧度，如图7.170所示。

a.启动软件后，按【Ctrl+O】组合键，在弹出的对话框中打开配套资源中的Cha07\7.3\扭曲变形.max素材文件，如图7.175所示。

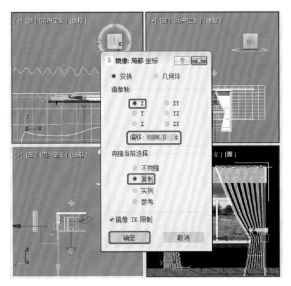

图7.172

图7.173

图7.174

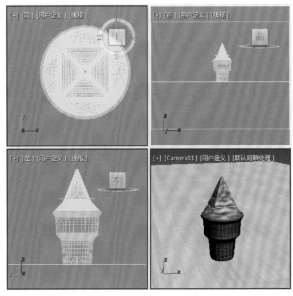

图7.175

b.在场景中选择【冰淇淋】对象，切换至【修改】命令面板，展开【变形】卷展栏，在该卷展栏中单击【扭曲】按钮，如图7.176所示。

图7.176

c.打开【扭曲变形】对话框，选择右侧的控制点，将其垂直位置设置为"280.0"，如图7.177所示。

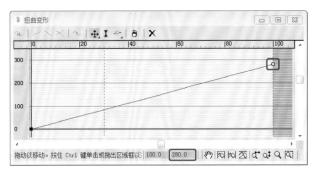

图7.177

d.将该对话框关闭，按F9键对【摄影机】视图进行渲染，渲染后的效果如图7.178所示。

图7.178

E.拟合变形

【拟合】变形工具是3ds Max提供的一个强大的工具。它强大的功能体现在只要指定了视图中的轮廓，就能快速地创建复杂的物体。给出物体的轮廓，也就是给出物体在顶视图、前视图和左视图的造型，利用【拟合】变形工具可以生成想要的物体。

通过制作躺椅坐垫的雏形来学习使用【拟合】变形工具，操作步骤如下：

a.启动软件后，选择【创建】|【图形】|【样条线】|【矩形】工具，在前视图中创建躺椅的截面，将其命令为【截面】，在【参数】卷展栏中将【长度】、【宽度】、【角半径】分别设置为"75.0cm""645.0cm""20.0cm"，如图7.179所示。

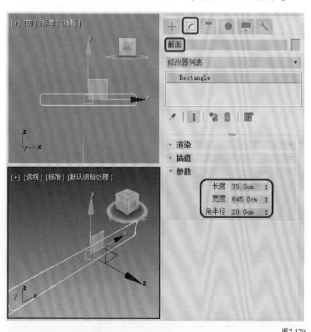

图7.179

b.选择【创建】|【图形】|【样条线】|【矩形】工具，在左视图中创建一个放样路径，切换至【修改】命令面

板，将当前选择集定义为【顶点】，然后在左视图中调整顶点，调整完成后的效果如图7.180所示。

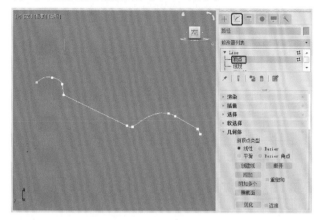

图7.180

c.启动软件后，选择【创建】|【图形】|【样条线】|【矩形】工具，在顶视图中创建拟合图形，将其命令为【拟合图形】，在【参数】卷展栏中将【长度】、【宽度】、【角半径】分别设置为"550.0cm""150.0cm""20.0cm"，如图7.181所示。

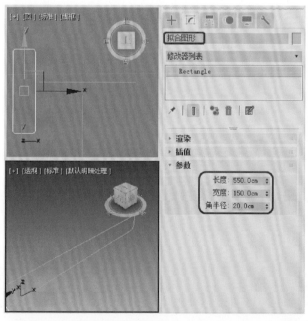

图7.181

d.在场景中选择作为放样的路径，然后选择【创建】|【几何体】|【复合对象】|【放样】工具，在【创建方法】卷展栏中单击【获取图形】按钮，在场景中拾取放样截面，创建的放样模型如图7.182所示。

e.切换到【修改】命令面板，将当前选择集定义为【图形】，单击工具栏中的【选择并旋转】按钮和【角度捕捉切换】按钮，在前视图中沿Z轴旋转图形90°，如图7.183所示。

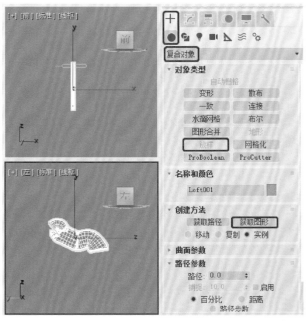

图7.182

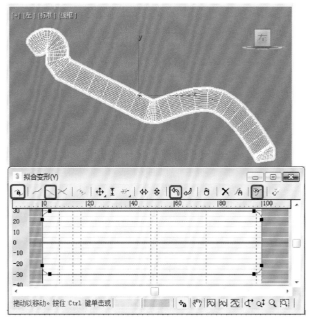

图7.184

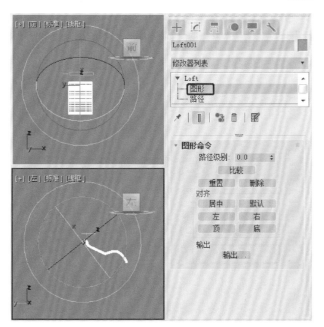

图7.183

f.关闭当前选择集,在【变形】卷展栏中单击【拟合】按钮,在弹出的对话框中单击【均衡】按钮🔒,将其关闭,并单击【显示Y轴】按钮╲,然后单击【获取图形】按钮🖈,在场景中拾取作为拟合的图形,并单击【逆时针旋转90度】按钮↩,如图7.184所示。

③散布复合对象

散布复合对象是指将散布分子散布到目标物体的表面,从而产生大量的复制品,可以制作草地、乱石或满身是刺的刺猬等,也可以将散布中的控制参数记录成动画。

④图形合并复合对象

【图形合并】工具能够把任意样条物体投影到多边形物体表面上,从而在多边形物体表面制作凸起或镂空效果,如文字、图案、商标等。

⑤连接复合对象

连接复合对象是指在两个以上物体对应的删除面之间创建封闭的表面,将其焊接在一起,并产生平滑过渡的效果,该工具非常常用,它可以消除生硬的接缝,下面将对其进行简单介绍。

(2)多边形建模

下面主要讲解常用网格建模的应用,其中包括【顶点】层级、【边】层级、【边界】层级、【多边形】层级以及【元素】层级的应用。

本例将介绍马克杯的制作,其效果如图7.185所示。该例是使用【编辑多边形】修改器对一个圆柱体进行修改,初步形成马克杯的样子,然后再为其施加【网格平滑】修改器。

图7.185

①启动软件后，选择【创建】|【几何体】|【标准基本体】|【圆柱体】工具，在顶视图中创建一个圆柱体，在【参数】卷展栏中将【半径】设置为"45.0cm"，【高度】设置为"110.0cm"，【高度分段】设置为"7"，【端面分段】设置为"1"，【边数】设置为"12"，如图7.186所示。

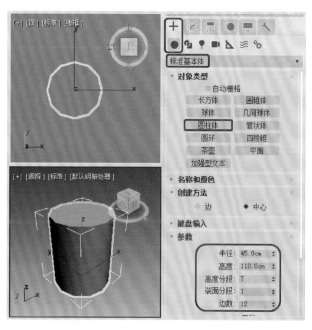

图7.186

②切换到【修改】命令面板，在【修改器列表】中选择【编辑多边形】修改器，将当前选择集定义为【多边形】，选择图7.187所示的两个多边形。

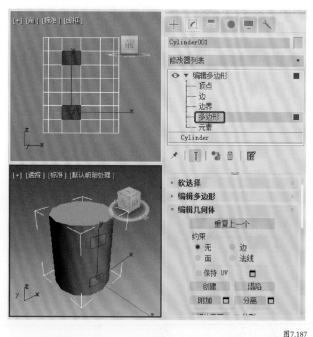

图7.187

③在【编辑多边形】卷展栏中单击【挤出】按钮右侧

的【设置】■按钮，将【高度】设置为"15.0cm"，然后单击【确定】按钮，效果如图7.188所示。

图7.188

④重复步骤③中的操作，再连续挤出两次，每次挤出的高度都为15cm，挤出完成后的效果如图7.189所示。

⑤选择挤出后在最外侧并相对的两个多边形上操作，如图7.190所示，在【编辑多边形】卷展栏中单击【挤出】按钮右侧的【设置】■按钮，将【高度】设置为"15.0cm"，然后单击【确定】按钮，效果如图7.191所示。

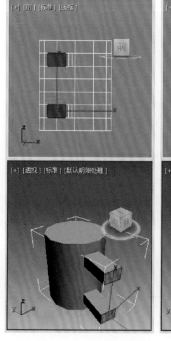

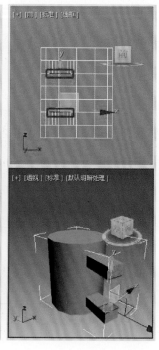

图7.189　　　　　　　　　图7.190

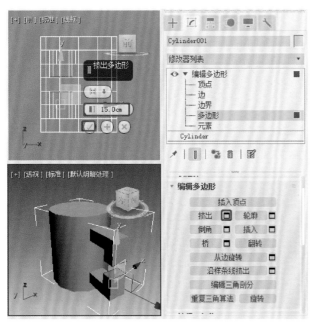

图7.191

⑥将步骤⑤中选择的两个多边形按Delete键删除，将当前选择集定义为【边界】，选择删除多边形后的边界，如图7.192所示。

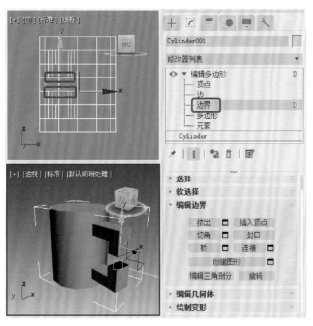

图7.192

⑦在【编辑边界】卷展栏中单击【桥】按钮，即可将缺口部分连接，如图7.193所示。

⑧将选择集定义为【边】，在视图中选择图7.194所示的边。在【编辑边】卷展栏中单击【切角】按钮右侧的【设置】█按钮，将【数量】设置为"10.0cm"，然后单击【确定】按钮，效果如图7.195所示。

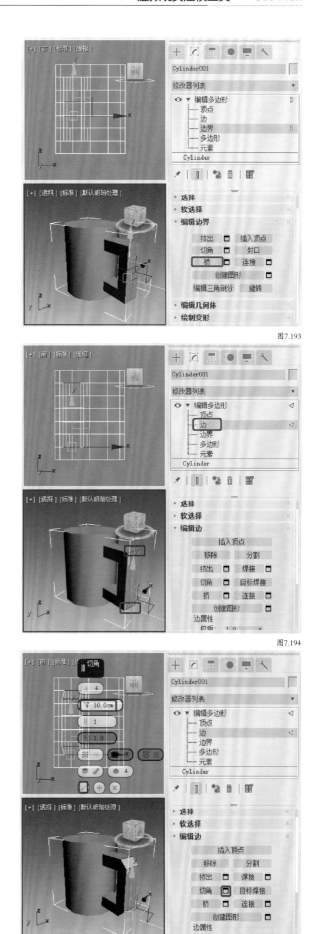

图7.193

图7.194

图7.195

⑨关闭当前选择集，在工具栏中单击【角度捕捉切换】按钮 ，在弹出的对话框中将【角度】设置为15°，然后在顶视图中使用【选择并旋转】按钮将模型旋转15°，如图7.196所示。

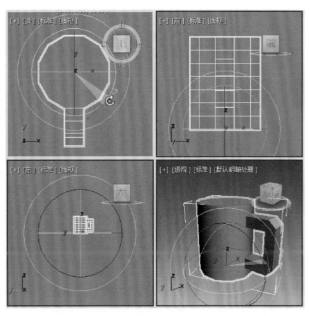

图7.196

⑩将当前选择集定义为【顶点】，在左视图中调整杯把形状，如图7.197所示。

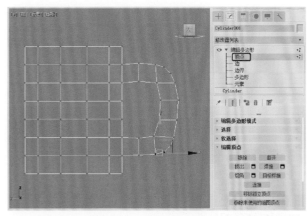

图7.197

⑪将选择集定义为【多边形】，在顶视图中选择顶面上的多边形，在【编辑多边形】卷展栏中单击【插入】按钮右侧的【设置】 按钮，将【数量】设置为"4.0cm"，单击【确定】按钮，如图7.198所示。

⑫在【编辑多边形】卷展栏中单击【挤出】按钮右侧的【设置】 按钮，将【高度】设置为"100.0cm"，然后单击【确定】按钮，效果如图7.199所示。

⑬将选择集定义为【边】，选择杯口和杯底的边，如图7.200所示。在【编辑边】卷展栏中单击【切角】按钮右侧的【设置】 按钮，在弹出的对话框中将【数量】设置

为"0.2cm"，单击【确定】按钮。

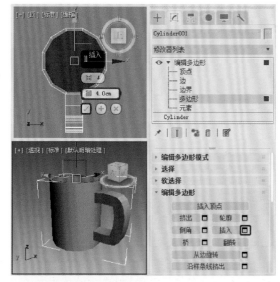

图7.198

图7.199

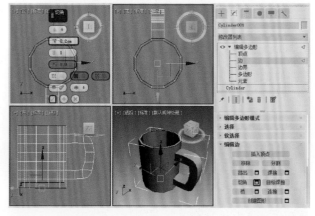

图7.200

⑭将选择集定义为【多边形】，在场景中选择图7.201所示的多边形，在【多边形：材质 ID】卷展栏中将【设置 ID】设置为"2"。

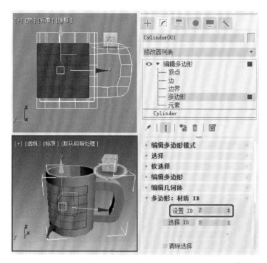

图7.201

⑮在菜单栏中选择【编辑】|【反选】命令，在【多边形：材质 ID】卷展栏中将【设置 ID】设置为"1"，如图7.202所示。

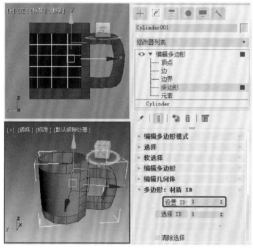

图7.202

⑯关闭当前选择集，在【修改器列表】中选择【网格平滑】修改器，在【细分量】卷展栏中将【迭代次数】设置为"3"，如图7.203所示。

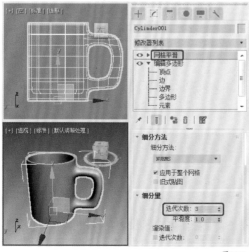

图7.203

⑰按M键打开【材质编辑器】对话框，激活第一个材质样本球，将其命名为【马克杯1】，单击【Standard】按钮，在弹出的【材质/贴图浏览器】对话框中选择【多维/子对象】材质，单击【确定】按钮，在弹出的对话框中使用默认设置，单击【确定】按钮，然后在【多维/子对象基本参数】卷展栏中单击【设置数量】按钮，在弹出的对话框中将【材质数量】设置为"2"，单击【确定】按钮，如图7.204所示。

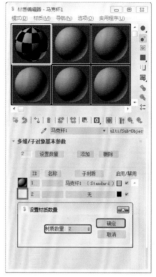

图7.204

⑱单击1号材质后面的材质按钮，进入该子级材质面板中，在【明暗器基本参数】卷展栏中将明暗器类型定义为【各向异性】，在【各向异性基本参数】卷展栏中将【环境光】和【漫反射】的RGB值设置为"0""144""255"，将【高光反射】的RGB值设置为"255""255""255"，将【自发光】区域下的【颜色】设置为"20"，将【漫反射级别】设置为"119"，将【反射高光】区域中的【高光级别】、【光泽度】和【各向异性】分别设置为"96""58"和"86"，如图7.205所示。

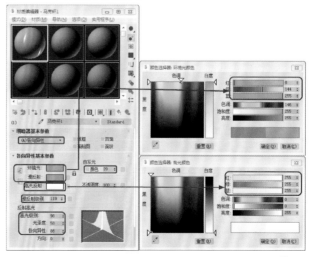

图7.205

⑲单击【转到父对象】按钮，然后单击2号材质后面的材质按钮，在弹出的【材质/贴图浏览器】对话框中选择【标准】材质，单击【确定】按钮，在【明暗器基本参数】卷展栏中将明暗器类型定义为【各向异性】，在【各向异性基本参数】卷展栏中将【自发光】区域下的【颜色】设置为"15"，将【漫反射级别】设置为"119"，将【反射高光】区域中的【高光级别】、【光泽度】和【各向异性】分别设置为"96""58"和"86"，如图7.206所示。

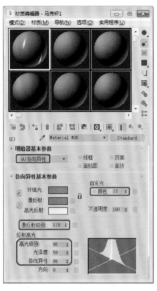

图7.206

⑳在【贴图】卷展栏中单击【漫反射颜色】通道右侧的【无贴图】按钮，在弹出的【材质/贴图浏览器】对话框中选择【位图】贴图，单击【确定】按钮，再在弹出的对话框中选择配套资源中的Cha07\7.3\图片1.jpg文件，单击【打开】按钮，在【坐标】卷展栏中将【瓷砖】下的U、V分别设置为"3.0""1.5"，单击两次【转到父对象】按钮，然后单击【将材质指定给选定对象】按钮，如图7.207所示。

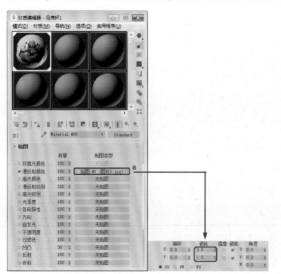

图7.207

㉑在场景中选择创建的模型，使用工具栏中的【选择并移动】工具，并配合着Shift键对其复制，复制完成后调整模型的位置，如图7.208所示。

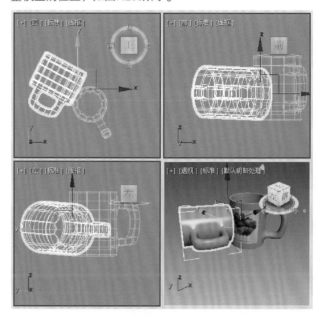

图7.208

㉒按M键打开【材质编辑器】对话框，将第一个材质样本球拖拽到第二个材质样本球上，并将第二个材质样本球命名为【马克杯2】，单击1号材质后面的材质按钮，在【各向异性基本参数】卷展栏中将【环境光】和【漫反射】的RGB值设置为"255""0""0"，将【高光反射】的RGB值设置为"255""255""255"，将【自发光】区域下的【颜色】设置为"15"，如图7.209所示。

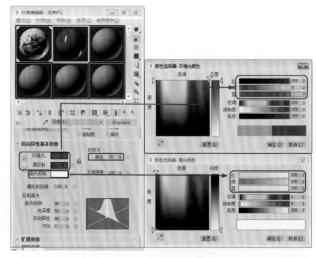

图7.209

㉓单击【转到父对象】按钮，然后单击2号材质后面的材质按钮，在【各向异性基本参数】卷展栏中将【自发光】区域下的【颜色】设置为"20"，在【贴图】卷展栏中将【漫反射颜色】通道右侧的贴图更改为配套资源中的

Cha07\7.3\图片2.jpg文件，在【坐标】卷展栏中将【瓷砖】下的U、V分别设置为"3.0""1.4"，单击两次【转到父对象】按钮，然后单击【将材质指定给选定对象】按钮，如图7.210所示。

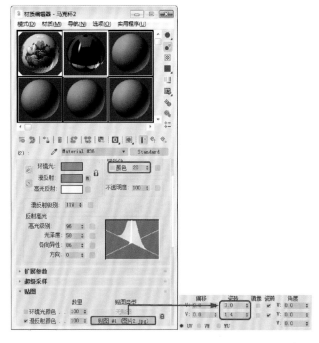

图7.210

㉔选择【创建】|【几何体】|【标准基本体】|【长方体】工具，在顶视图中创建一个长方体，在【参数】卷展栏中将【长度】设置为"1000.0cm"，【宽度】设置为"1000.0cm"，【高度】设置为"1.0cm"，如图7.211所示。

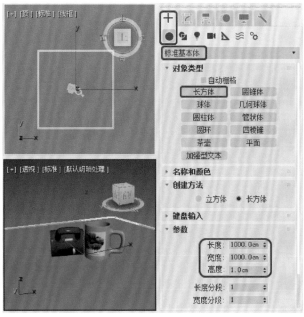

图7.211

㉕按M键打开【材质编辑器】对话框，激活第三个材质样本球，将其命名为【地面】，在【贴图】卷展栏中单击

【漫反射颜色】通道右侧的【无贴图】按钮，在弹出的【材质/贴图浏览器】对话框中选择【位图】贴图，单击【确定】按钮，再在弹出的对话框中选择配套资源中的Cha07\7.3\0091.jpg文件，单击【打开】按钮，在【坐标】卷展栏中将【瓷砖】下的U、V分别设置为"1.9""1.9"，如图7.212所示。

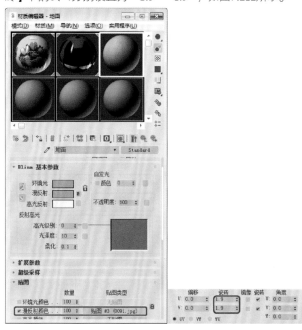

图7.212

㉖单击【转到父对象】按钮，在【贴图】卷展栏中将【反射】通道右侧的【数量】设置为"10"，并单击【无贴图】按钮，在弹出的【材质/贴图浏览器】对话框中选择【平面镜】贴图，单击【确定】按钮，在【平面镜参数】卷展栏中勾选【应用于带ID的面】复选框，单击【转到父对象】按钮，然后单击【将材质指定给选定对象】按钮和【视口中显示明暗材质】按钮，如图7.213所示。

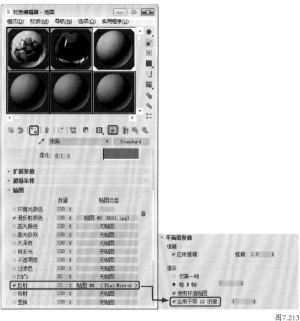

图7.213

㉗调整一下长方体的位置，选择【创建】|【摄影机】|【目标】工具，在顶视图中创建一架摄影机，切换至【修改】命令面板，在【参数】卷展栏中将【镜头】设置为"70.0"，激活【透视】视图，按C键将其转换为【摄影机】视图，并在其他视图中调整其位置，如图7.214所示。

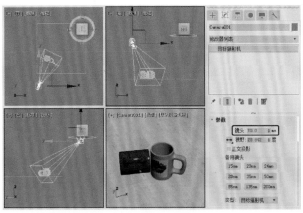

图7.214

㉘按F9键对【摄影机】视图进行渲染，渲染完成后将效果保存，并将场景文件保存。渲染后的效果如图7.215所示。

图7.215

7.4 材质与贴图

材质是对现实世界中各种材料视觉效果的模拟，材质的制作也是一个相对复杂的过程，它主要用于描述物体如何反射和传播光线，而材质中的贴图不仅可以用于模拟物体的质地、提供纹理图案、产生反射与折射等其他效果，还可以用于环境和灯光投影，通过各种类型的贴图，可以制作出千变万化的材质。

7.4.1 材质编辑器

材质编辑器用于创建、编辑材质以及设置贴图的设置窗口，并将设置的材质和贴图赋予视图中的物体，通过渲染场景便可以看到设置的材质与贴图的效果。

【材质编辑器】对话框中主要可以分为菜单栏、示例窗、工具按钮、参数控制四大区域。

①打开配套资源中的Cha07\7.4\显示器.max素材文件，打开后的效果如图7.216所示。

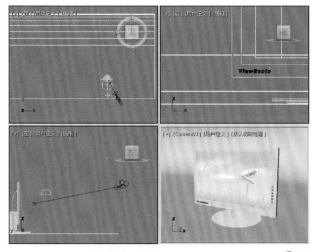

图7.216

②在工具栏中单击【材质编辑器】按钮，即可打开【材质编辑器】对话框，如图7.217所示。

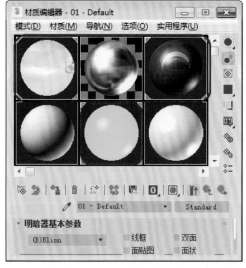

图7.217

7.4.2 2D贴图

在3ds Max中包括很多种贴图，它们可以根据使用方法、效果分为多种类型，下面主要介绍2D贴图，在【贴图】卷展栏，单击任何通道右侧的【无贴图】按钮，都可以打开【材质/贴图浏览器】。

（1）渐变贴图

渐变贴图可以产生三色（或三个贴图）的渐变过渡效果，它的可拓展性非常强，有线性渐变和径向渐变两种渐变类型，三个色彩可以随便调节，相互区域比例的大小也可以调节。通过贴图可以产生无限级的渐变和图像嵌套结果，渐变贴图的效果如图7.218所示。

图7.218

（2）棋盘格贴图

棋盘格贴图可以产生两色方格交错的方案，也可以用两个贴图来进行交错。如果使用棋盘格进行嵌套，可以产生多彩色方格图案效果。棋盘格贴图用于产生一些格状纹理，或者砖墙、地板块等有序纹理，其效果如图7.219所示。

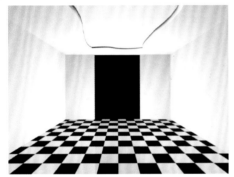

图7.219

（3）位图贴图

位图贴图就是将位图图像文件作为贴图使用，它可以支持各种类型的图像和动画格式。位图贴图的使用范围很广泛，通常用在漫反射颜色贴图通道、凹凸贴图通道、反射贴图通道、折射贴图通道中，其效果如图7.220所示。

图7.220

（4）向量贴图

使用向量贴图时，可以将基于向量的图形（包括动画）用作对象的纹理。

向量图形文件具有描述性优势，因此它生成的图像与显示分辨率无关。向量贴图支持多种行业标准向量图形格式，其效果如图7.221所示。

图7.221

7.4.3　光线跟踪材质

光线跟踪材质是一种比标准材质更高的材质类型，它不仅包括了标准材质具备的全部特性，还可以创建真实的反射和折射效果，并且还支持雾、颜色浓度、半透明以及荧光等特殊效果，其效果如图7.222所示。

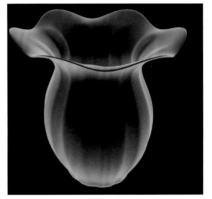

图7.222

7.4.4　复合材质

下面将讲解如何制作混合材质、合成材质、双面材质、虫漆材质、多维/子对象材质、壳材质以及顶/底材质。

（1）混合材质

将两种子材质组合在一起的材质便是混合材质，可表现物体创建混合的效果，混合材质的效果如图7.223所示。

图7.223

（2）合成材质

合成材质最多可以合成10种材质，按照在卷展栏中列出的顺序，从上到下叠加材质，使用相加、相减不透明度来组合材质，或使用Amount（数量）值来混合材质，效果如图7.224所示。

图7.224

（3）双面材质

使用双面材质可以向对象的前面和后面制定两种不同的材质。与对象方向相反的一面也可以进行渲染，可使对象更加美观，效果如图7.225所示。

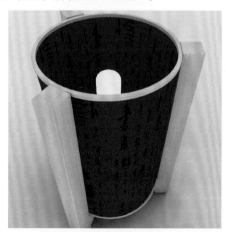

图7.225

（4）虫漆材质

虫漆材质是将一种材质叠加到另一种材质上的混合材质，其中叠加的材质成为虫漆材质，被叠加的材质称为基础材质。虫漆材质的颜色叠加到基础材质的颜色上，通过参数控制颜色混合的程度，其效果如图7.226所示。

图7.226

（5）多维/子材质

创建多维/子材质是将多个材质组合为一种复合式材质，可以使一个物体享有不同的多维/子材质，效果如图7.227所示。

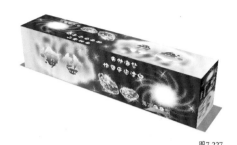

图7.227

（6）壳材质

壳材质是指将两种材质指定到一个物体上，用户可以在设置视口和渲染时显示两种不同的材质，其效果如图7.228所示。

图7.228

（7）顶/底材质

顶/底材质是指两个材质分别位于顶部与底部，其效果如图7.229所示。

图7.229

7.5　灯光

光线是画面视觉信息与视觉造型的基础，没有光便无法体现物体的形状与质感。摄影机好比人的眼睛，通过对摄影机的调整可以决定视图中物体的位置和尺寸，从而影响到场景对象的数量及创建方法。

7.5.1 创建标准灯光

不同种类的标准灯光对象可用不同的方法投影灯光，模拟不同种类的光源。与光度学灯光不同，标准灯光不具有基于物理的强度值。

（1）创建目标聚光灯

目标聚光灯的照射效果如图7.230所示。

图7.230

（2）创建自由聚光灯

自由聚光灯没有目标对象，可以通过移动和旋转的方法将其指向任何方向。自由聚光灯的照射效果如图7.231所示。

图7.231

（3）创建目标平行光

由于平行光线是相互平行的，所以平行光线呈圆柱状或矩形棱柱状，而不是呈圆锥状。目标平行光的照射效果如图7.232所示。

图7.232

（4）创建自由平行光

自由平行光没有目标对象，可以通过移动和旋转的方法将其指向任何方向。自由平行光的照射效果如图7.233所示。

图7.233

（5）创建泛光灯

泛光灯可以投射阴影和投影。单个投射阴影的泛光灯等同于六个投射阴影的聚光灯，泛光灯的照射效果如图7.234所示。

图7.234

（6）创建天灯

天灯能够模拟日光照射效果，如图7.235所示。

图7.235

7.5.2 创建光度学灯光

通过光度学灯光的光度学（光能）值可以更精确地定义灯光，就像在真实世界一样。

（1）创建目标灯光

目标灯光可以用来指向灯光的目标子对象。目标灯光的照射效果如图7.236所示。

图7.236

（2）创建自由灯光

自由灯光不具备目标子对象。自由灯光的照射效果如图7.237所示。

图7.237

7.6 渲染

在菜单栏中选择【渲染】|【渲染设置】命令，或者在工具栏中单击【渲染设置】按钮 ，可以弹出【渲染设置】对话框，在该对话框中可以对渲染的输出路径、渲染范围和渲染尺寸等进行设置。

7.6.1 设置单帧渲染

在制作动画时，我们可以通过渲染单帧来快速查看动画效果，设置单帧渲染的操作步骤如下：

①打开配套资源中的Cha07\7.6\单帧渲染.max素材文件，并将时间滑块拖动至第100帧，如图7.238所示。

②在工具栏中单击【渲染设置】按钮 ，弹出【渲染设置】对话框，选择【公用】选项卡，在【公用参数】卷

展栏中勾选【时间输出】选项组中的【单帧】单选按钮，如图7.239所示。

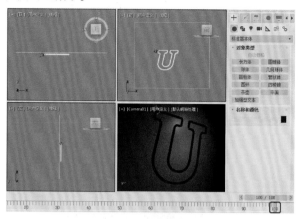

图7.238

图7.239

③在【查看到渲染】下拉列表中选择【四元菜单4-Camera01】选项，然后单击【渲染】按钮，如图7.240所示。

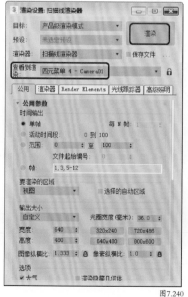

图7.240

④对第100帧进行渲染，渲染完成后的效果如图7.241所示。

图7.241

7.6.2　设置渲染输出路径

在渲染动画之前，首选需要对动画的输出路径、文件名和类型等进行设置，下面来介绍一下设置动画渲染输出路径的方法，具体的操作步骤如下：

①打开配套资源中的Cha07\7.6\单帧渲染.max素材文件，如图7.242所示。

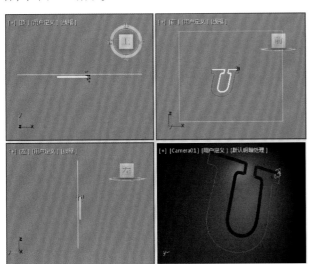

图7.242

②在工具栏中单击【渲染设置】按钮，弹出【渲染设置】对话框，选择【公用】选项卡，在【公用参数】卷展栏中勾选【时间输出】选项组中的【活动时间段】单选按钮，如图7.243所示。

③在【渲染输出】选项组中单击【文件】按钮，如图7.244所示。

④弹出【渲染输出文件】对话框，在该对话框中选择动画的输出路径，并设置【保存类型】为【AVI文件

（*.avi）】，设置【文件名】为【设置渲染输出路径】，如图7.245所示。

图7.243　　　　　图7.244

图7.245

⑤单击【保存】按钮，弹出【AVI文件压缩设置】对话框，如图7.246所示。

图7.246

⑥单击【确定】按钮，返回到【渲染设置】对话框

中，此时会在【文件】按钮的下方显示出输出路径，如图7.247所示。在【查看到渲染】下拉列表中选择【四元菜单4-Camera01】选项，单击【渲染】按钮，即可对当前动画进行渲染。

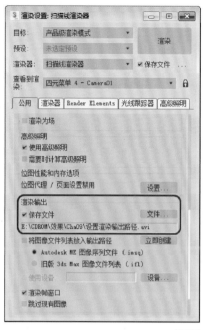

图7.247

7.6.3 设置渲染范围

范围，就是指两个数字之间（包括这两个数）的所有帧。设置渲染范围的操作步骤如下：

①打开配套资源中的Cha07\7.6\单帧渲染.max素材文件，如图7.248所示。

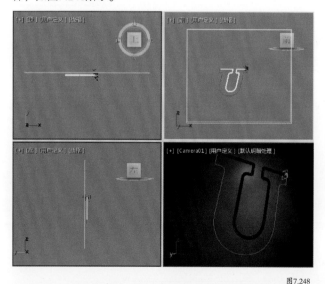

图7.248

②在工具栏中单击【渲染设置】按钮，弹出【渲染设置】对话框，选择【公用】选项卡，在【公用参数】卷展栏中勾选【时间输出】选项组中的【范围】单选按钮，

并将后面的范围设置为"0"至"53"，如图7.249所示。

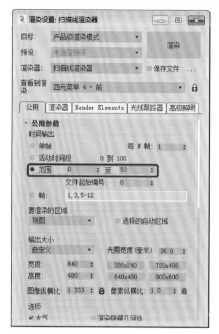

图7.249

③使用上一实例中讲到的方法为动画设置输出路径、类型和文件名，设置完成后即可在【渲染输出】选项组中显示出输出路径，如图7.250所示。

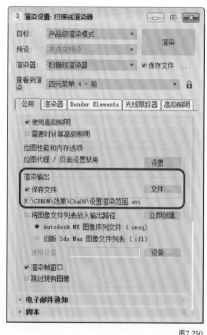

图7.250

④在【查看到渲染】下拉列表中选择【四元菜单4-Camera01】选项，单击【渲染】按钮，如图7.251所示，即可对当前动画进行渲染。

在渲染场景文件时，用户可以根据需要对渲染尺寸进行设置。设置渲染尺寸的操作步骤如下：

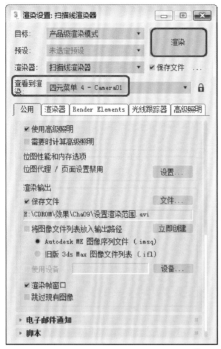

图7.251

如图7.253所示。

图7.253

①打开配套资源中的Cha07\7.6\单帧渲染.max素材文件，在工具栏中单击【渲染设置】按钮 ，弹出【渲染设置】对话框，选择【公用】选项卡，在【公用参数】卷展栏中的【输出大小】选项组中单击【640x480】按钮，如图7.252所示。

图7.252

②将时间滑块拖动至第100帧处，然后单击对话框右下角的【渲染】按钮，渲染窗口即可以640×480大小显示，

7.6.4 指定渲染器

【指定渲染器】卷展栏用于设置指定给产品级或V.Ray类别的渲染器，指定渲染器的操作步骤如下：

①打开配套资源中的Cha07\7.6\单帧渲染.max素材文件，在工具栏中单击【渲染设置】按钮 ，弹出【渲染设置】对话框，选择【公用】选项卡，在【指定渲染器】卷展栏中单击【产品级】右侧的【选择渲染器】按钮 ，如图7.254所示。

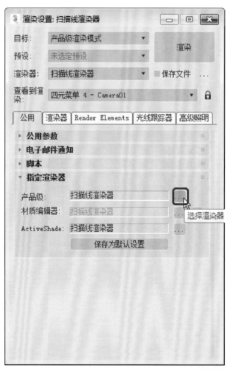

图7.254

②弹出【选择渲染器】对话框，在弹出的对话框中选择【V-Ray Adv 3.60.03】渲染器，如图7.255所示。

图7.255

③单击【确定】按钮，然后在【指定渲染器】卷展栏中单击【保存为默认设置】按钮，如图7.256所示。

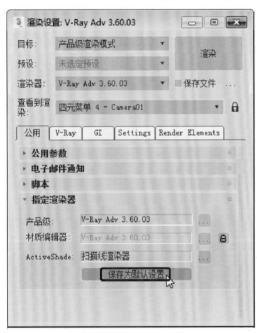

图7.256

④弹出【保存为默认设置】对话框，在该对话框中单击【确定】按钮即可，如图7.257所示。

图7.257

7.7 动画基础知识

通过前面几节的学习，相信读者能够使用3ds Max制作出一些具有特别效果的图像，但是更多的读者往往更喜欢看视频，而不是一幅幅的图片，它们的区别就在于一个是静态的，一个是动态的。通常一提到3ds Max，就会联想到三维动画，可见3ds Max更多被用于动画制作中，我们把3ds Max称作是一款三维动画制作软件，而不是一款三维图像制作软件。

7.7.1 动画的定义

动画可以简单地理解为运动的画面，当我们快速地翻看一连串动作相似的图片时，会在脑海中出现动画的景象，而其中的一页图片就是动画中常提到的Frames（帧）。动画运用的理论就是"视觉暂留"，由于人类的眼睛在分辨视觉信号时，会产生视觉暂留的情形，也就是当一个画面或者一个物体的景象消失后，在人眼视网膜上所留的印象还能保留大约1/24秒的时间，如图7.258所示。动画师利用人眼的这一视觉暂留特性，快速地将一连串图形显示出来，然后在每一张图形中做一些小的改变（如位置或造型），就可以产生动画的效果，如图7.259所示。

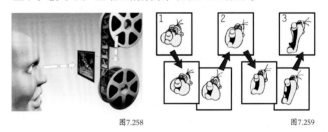

图7.258   图7.259

动画师根据时间线绘制出重要的帧，再通过这些重要的帧计算出需要的其他中间帧，最后进行帧的插入或链接工作，进而完成动画，这种制作动画的方法一直沿用至今，如图7.260和图7.261所示。

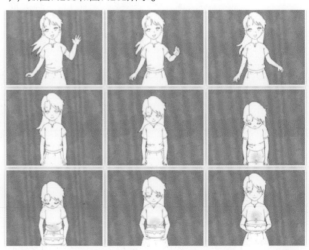

图7.260

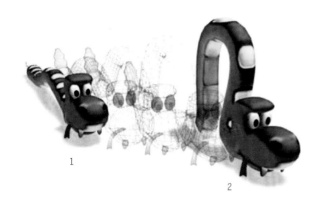

图7.261

动画可以分为二维动画和三维动画，早期的动画都属于二维动画，如图7.262所示。三维动画是近些年新兴的动画技术，和二维动画相比，三维动画具有二维动画所不具备的立体效果，它给人更强的视觉震撼力和表现力，所以现在越来越多的动画影片都采用了三维技术，如图7.263所示。

图7.262

图7.263

7.7.2　动画的时间控制

先了解一下3ds Max提供了哪些用于控制动画时间的工具，这些工具被称为"时间控制"，"时间控制"项包括了

动画的"开始""结束"，也包括了单帧的前进或后退。

【时间配置】对话框主要用来对场景动画的时间进行控制，在界面右下角单击【时间配置】按钮就可以开启时间配置对话框。图7.264所示为【时间配置】对话框中的参数。

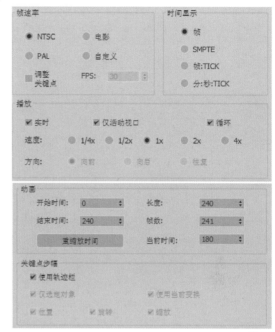

图7.264

【帧速率】选项组：帧速率表示每一秒内的帧数，在"帧速率"选项组中提供了4种类型，NTSC类型是每秒30帧，"电影"类型是每秒24帧，PAL类型是每秒25帧，"自定义"类型则允许用户自行设置帧速率。NTSC是美国动画制作的标准帧速率，PAL则是国内动画制作的标准帧速率。

【时间显示】选项组：在该选项组可以选择以不同的类型来显示时间。

【播放】选项组：主要用来控制如何在视口中播放动画，包括播放动画的方式和速度等。

【动画】选项组：主要用来控制场景动画的时间长度。

7.7.3　制作关键帧动画

所谓关键帧动画，就是指制作出几个关键时间段的场景，然后中间的动画过程由电脑自动完成。下面将通过制作一个足球从高处落下的动画来向读者讲解如何进行关键帧动画的制作。

①打开配套资源中的Cha07\7.7\关键帧动画.max素材文件，如图7.265所示，该场景中有一个摆放在台子上的足球模型。

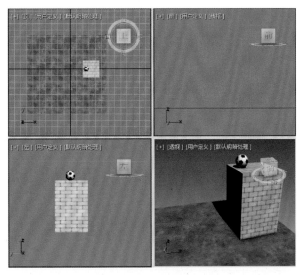

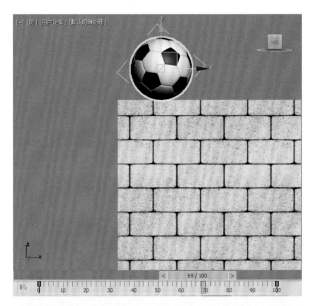

图7.265

图7.267

②首先进行足球旋转动画的设置，因为要让足球一直保持转动的状态。在界面下方单击按钮，单击该按钮后时间控制条变为了红色，然后单击【转至结尾】按钮跳到最后一帧。鼠标右键单击【旋转】按钮，在弹出的对话框中进行图7.266所示的设置，使足球产生旋转。

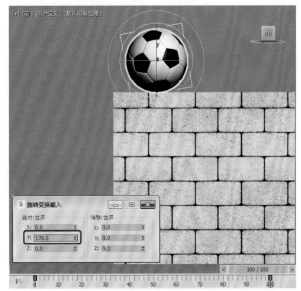

图7.266

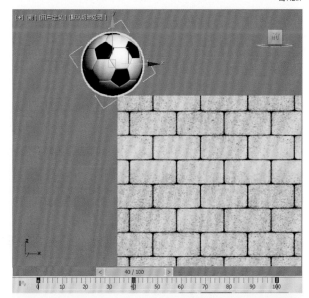

图7.268

③设置完成后单击【播放动画】按钮，如图7.267所示，足球在原地转动。

④将时间滑块拖动到第40帧的位置，然后在"前"视口中将足球水平移动到台子的最左端快要下落的位置，如图7.268所示。

⑤将时间滑块拖动到第50帧的位置，然后将足球移动到图7.269所示的位置，足球离开了平台开始下落。

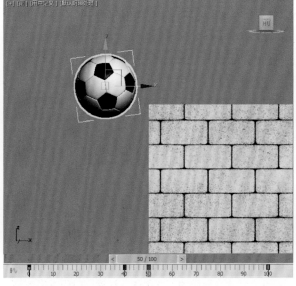

图7.269

⑥将滑块拖动到第90帧的位置，然后将足球向下移动到刚好和地面接触的位置，表示足球在第90帧的位置落到地面上，如图7.270所示。

为红色，表示此时处于记录关键帧的状态，对物体所做的任何修改都会被记录，如图7.274所示。

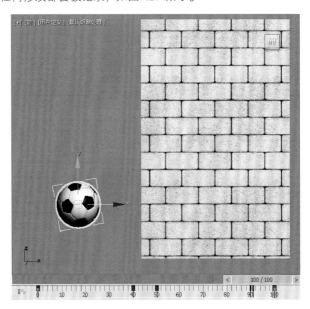

图7.272

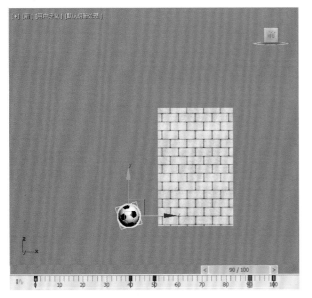

图7.270

⑦单击【下一帧】按钮，转到第91帧的位置，然后单击【设置关键帧】按钮，在第91帧的位置再添加一个关键帧，因为足球下落到地面上后有一个停顿的过程，如图7.271所示。

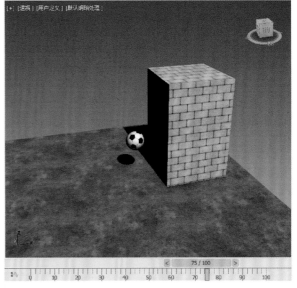

图7.273

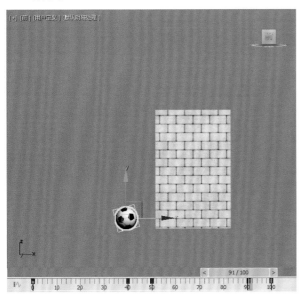

图7.271

⑧将时间滑块拖动到最后第100帧的位置，然后将足球向上移动到图7.272所示的位置，表示足球从地面弹起。

⑨设置完毕后单击按钮退出关键帧记录，然后在【透视】视口中单击【播放动画】按钮即可预览到整个动画的过程，如图7.273所示。

在3ds Max界面的下方单击按钮后，时间进度条将显示

图7.274

当某一帧进行记录后，会在该帧的位置处出现一个标志，表示该帧被记录为一个关键帧，共有红、绿、蓝、白四种颜色的标记，红色表示物体的移动，绿色表示物体的旋转，蓝色表示物体的缩放，白色表示当前选择的帧。如果同时具有红、绿、蓝三种颜色，则表示物体在该处既进行了移动变化也有旋转和缩放变化（图7.275）。

图7.275

7.7.4 使用曲线编辑器

Curve Editor（曲线编辑器）是"轨迹视图"的一种模式，是查看和控制3ds Max场景动画的重要模块。它以图标的形式记录了场景对象的所有动画数据信息，使动画的设置变得更加方便。

使用曲线编辑器，可以对创建的所有关键点进行查看和编辑。曲线编辑器是非常重要的动画编辑工具，对物体所进行的动画操作都会记录在曲线编辑器中。图7.276所示为曲线编辑器的界面。

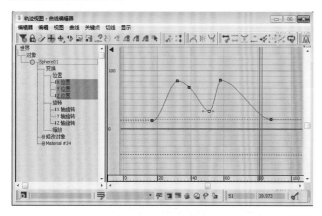

图7.276

曲线编辑器的菜单栏提供了7种菜单命令。图7.277所示为曲线编辑器的7种菜单命令。

图7.277

【编辑器】：包含"曲线编辑器"和"摄影表"两种模式，在"编辑器"菜单下可以对这两种模式进行切换。

【编辑】：提供用于调整动画数据和使用控制器的工具。

【视图】：将在"摄影表"和"曲线编辑器"模式下显示，但并不是所有命令在这两个模式下都可用。

【曲线】：主要应用或移除减缓曲线和增强曲线。

【关键点】：用于添加、移动、滑动和缩放关键点，还包含软选择、对齐到光标和捕捉帧功能。

【切线】：只有在"曲线编辑器"模式下操作时，轨

迹视图"切线"菜单才可用。此菜单上的工具便于管理动画—关键帧切线。

【显示】：用来影响曲线、图标和切线显示。

曲线编辑器的工具栏提供了一些常用的工具命令按钮，如图7.278所示。下面向读者介绍一些工具栏中的常用命令。

图7.278

【锁定当前选择】：使用此命令可以将选择的关键点锁定，使它们不能被编辑移动。

【绘制曲线】：使用此命令可以绘制新曲线，或通过直接在函数曲线上绘制草图来更改已存在的曲线。

【添加关键点】：用来在函数曲线图或摄影表中的曲线上创建关键点。

【移动关键点】：使用此命令可以在函数曲线图上水平或垂直地自由移动关键点。

【滑动关键点】：使用此命令可以在水平方向移动选择关键点的同时，将该点另一侧的所有关键点一起移动，它们之间的距离保持不变。

【缩放关键点】：使用此命令能以当前所在的帧为中心点，将所有选择的关键点进行缩放。

【缩放值】：使用此命令可以根据一定的比例增加或减小关键点的值，而不是在时间上移动关键点。

【捕捉缩放】：可与缩放值工具一起使用，能将缩放原点移动到第一个选定关键点。

【简化曲线】：使用此命令可以将指定时间段内的关键点进行精简。

【参数曲线超出范围类型】：使用该命令可以选择曲线超出时间范围外的状态。

启用【参数曲线超出范围类型】命令可以开启图7.279所示的对话框，它主要用来指定对象在超出所定义的关键点范围外的行为。

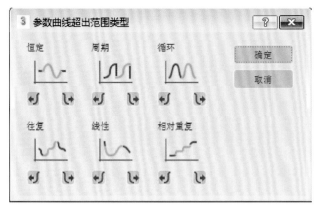

图7.279

【恒定】：在所有帧范围内保留末端关键点的值。如果想要在范围的起始关键点之前或结束关键点之后不再使用动画效果，可以选择该类型。

【周期】：在一个范围内重复相同的动画。如果起始关键点和结束关键点的值不同，动画会从结束帧到起始帧显示出一个突然的跳跃效果。

【循环】：在一个范围内重复相同的动画，但是会在范围内的结束帧和起始帧之间进行插值来创建平滑的循环。如果初始和结束关键点同时位于范围的末端，循环实际上会与周期类似。

【往复】：在动画重复范围内切换向前或者向后。当想要动画切换向前或者向后时可以选择该类型。

【线性】：如果想要动画以一个恒定速度进入或离开可以选择使用线性类型。

【相对重复】：在一个范围内重复相同的动画，但是每个重复会根据范围末端的值有一个偏移。使用相对重复可以用来创建在重复时彼此构建的动画。

7.7.5　动画控制器和约束

在3ds Max中制作的动画的所有内容都通过控制器来处理，控制器可以指定给对象任何参数，如长方体的长度、球体的漫反射或者对象位置的变换等。控制器是处理所有动画值的存储和插值的插件。而约束是指具有特殊类型的控制器，通常用于帮助自动执行动画过程。

（1）添加线性控制器

线性控制器主要应用于变换动画，可以调整或插入关键点，只要进行从一个关键点到下一个关键点的常规平均变换，就可以使用线性控制器。线性控制器没有参数调节对话框，其保持变换的速率为匀速变换。

（2）添加限制控制器

限制控制器可以为可用的控制器值指定上限和下限，从而限制被控制轨迹的范围，例如一扇门开启的程度、一辆汽车颠簸的程度等，都可以使用限制控制器来进行约束。

（3）添加噪波控制器

噪波控制器可以在一系列帧上产生随机的、基于分形的动画，并且可以对噪波的强度以及频率等参数进行设置。通常使用噪波控制器来制作随机的动画变换效果。

（4）添加曲面约束

曲面约束能将选择的对象定位到另一个目标对象上，这时它们的运动保持一致。可作为曲面对象的对象类型是有限制的，它们的表面必须能够用参数来表示，例如球体、圆柱体、圆锥体等。

（5）添加注视约束

注视约束只能应用于对象的"旋转"变换属性上，它可以使被控制的对象始终注视着另一个对象，例如我们在观看天空中的飞机时，眼球会跟随飞机的移动而发生转动。

7.7.6　层级动画

制作层级动画时，可以使用链接将对象关联起来，使它们形成从属关系，这样可以大大地简化制作过程。链接对象的运动包含正向运动和反向运动两种。

（1）正向运动

层级动画默认使用的运动方式为"正向运动"，正向运动采用的原理是按照父层次到子层次的链接顺序进行层次链接的，轴点位置定义了链接对象的连接关节并且按照从父层次到子层次的顺序继承位置、旋转和缩放变换。在正向动力学中，当父对象移动时，它的子对象也必须跟随着其移动。

（2）反向运动

反向运动学是另一种设置动画的方法，它翻转链接操纵的方向，从子对象而不是父对象开始进行工作。在3ds Max中，对象系统是由链接在一起的一些对象组成的。当建立一个系统并定义了链接参数后，随着父对象的运动，使用运动学公式可以确定父对象之下所有各部分的运动。

（3）层级的管理和控制

在【层次】命令面板下单击按钮可以查看当前对象间的继承关系。【链接信息】面板包含【锁定】和【继承】两个卷展栏。通过这两个卷展栏可以很好地控制和管理层级。

虚拟现实制作工具
——Unity

Unity是由Unity Technologies公司开发的专业跨平台游戏开发及虚拟现实引擎，其打造了一个完美的跨平台程序开发生态链，用户可以通过它轻松完成各种游戏创意和三维互动开发，创作出精彩的游戏和虚拟仿真内容。

8.1　下载与安装

作为一款国际领先的专业游戏引擎，Unity以精简、直观的工作流程，功能强大的工具集，大幅度缩短了游戏开发者的开发周期。用户通过3D模型、图像、视频、声音等相关资源的导入，借助Unity相关场景构建模块，创建复杂的虚拟世界，利用C#和JavaScript等语言开发工具编写相应脚本。以下介绍Unity的下载与安装。

打开网址https://unity.cn/，如图8.1所示。单击右上角的"下载Unity"按钮，进入图8.2所示的页面。这里提供了Unity曾经发布的所有版本，根据自己的需求，下载合适的版本就可以。这里有一点需要注意，就是要先安装Unity Hub。安装好之后，就可试用Unity了。

8.2　Unity编辑器

8.2.1　界面布局

新建Unity项目工程后，即可进入Unity的编辑器界面，Unity编辑器会自动加入天空盒并创建一个Directional Light（平行光），编辑器界面主要由菜单栏、工具栏以及相关的视图等内容组成，如图8.3所示。如果显示的界面布局不同，可通过菜单Window→Layouts→2 by 3来还原该界

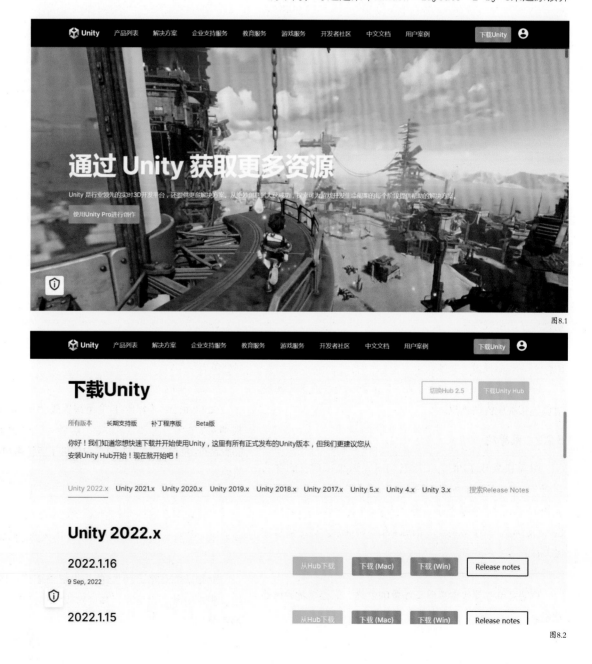

图8.1

图8.2

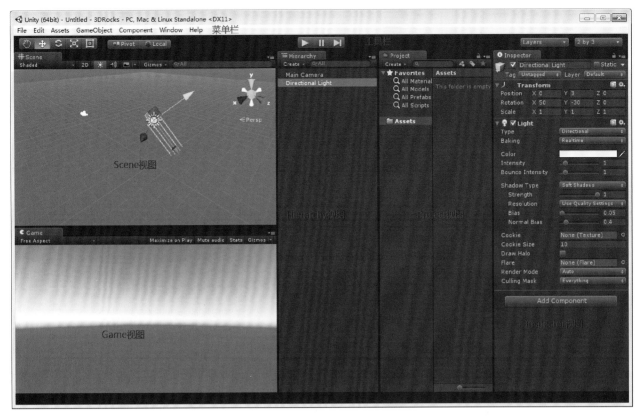

图8.3

面。

Unity主编辑器由若干视图组成，每个视图都有其特定的作用。

①Scene（场景视图）：设置场景以及放置游戏对象，是构造游戏场景的地方。

②Game（游戏视图）：由场景中相机所渲染的游戏画面，为游戏发布后玩家所能看到的内容。

③Hierarchy（层级视图）：用来显示当前场景中所有游戏对象的层级关系。

④Project（项目视图）：内容是整个工程中所有可用的资源，例如模型、脚本等。

⑤Inspector（检视视图）：用来显示当前所选择游戏对象的相关属性与信息。

8.2.2 菜单栏

菜单栏集成了Unity的所有功能，通过菜单栏的学习可以对Unity各项功能有直观而清晰的了解。Unity 5.0默认情况下共有7个菜单项，分别是File、Edit、Assets、GameObject、Component、Window和Help菜单。这里对各个菜单的主要功能作简单介绍。

（1）File菜单

File菜单主要包含工程与场景的创建、保存以及输出等功能。

（2）Edit菜单

Edit菜单主要用来实现针对场景内部相应编辑与编辑器设置等功能。

（3）Assets菜单

Assets菜单提供了游戏资源管理的相关工具，通过此菜单的相关选项，用户不仅可以在场景内部创建相应游戏对象，还可以导入和导出所需要的资源包。

（4）GameObject菜单

GameObject菜单主要用来创建游戏对象，如灯光、粒子、模型、UI等，了解GameObject菜单可以更好地实现针对场景的管理与设计。

（5）Component菜单

Component（组件）是用来实现为GameObject添加某种特定的属性，本质上每个组件是一个类的实例。在Component菜单中，Unity为用户提供了多种用户常用的组件资源。

（6）Window菜单

Window菜单可以控制编辑器的界面布局，还能打开各种视图以及访问Unity的Asset Store（在线资源商城）。

（7）Help菜单

Help菜单汇聚了Unity的相关资源链接，例如Unity手册、脚本参考、论坛等，并可对软件的授权许可进行相应的管理。

8.2.3 工具栏

Unity工具栏位于菜单栏的下方，主要是由5个控制区域组成的，它提供了最常用功能的快捷访问。工具栏主要包括Transform Tools（变换工具）、Transform Gizmo Tools（变换辅助工具）、Play（播放控制）、Layers（分层下拉列表）和Layout（布局下拉列表），如图8.4所示。

图8.4

（1）Transform Tools

此工具主要针对Scene视图，用于实现所选择游戏对象的位移、旋转以及缩放等操作控制。Transform Tools从左到右依次是 Hand（手形工具）、 Translate（移动工具）、 Rotate（旋转工具）、 Scale（缩放工具）和 Rect（矩形工具）。

 ：可在Scene视图中通过按下鼠标左键操作来平移整个场景。

 ：在工具栏单击选中此工具后，在Scene视图中单击选中一块石头，此时在该游戏对象上会出现3个方向的箭头（代表物体的三维坐标轴），然后沿着箭头所指的方向上拖动物体，改变物体在某一轴向上的位置。当然，用户也可以在Inspector视图中直接修改所选择游戏对象的坐标值。

 ：使用此工具后，可以在Scene视图中按任意角度旋转选中的游戏对象。

 ：使用此工具后，可以在Scene视图中缩放选中的游戏对象，其中蓝色方块代表沿Z轴缩放，红色方块代表沿X轴缩放，绿色方块代表沿Y轴缩放，也可以通过选中中间灰色的方块将对象在3个坐标轴上进行统一的缩放。

 Rect（矩形）工具：允许用户查看和编辑2D或3D游戏对象的矩形手柄（Rect handles）。对于2D游戏对象，可以按住Shift键进行等比例缩放。

（2）Transform Gizmo Tools

 ：方便用户进行位置变换操作。
Center：改变游戏对象的轴心参考点。
Global：改变物体的坐标。

（3）Play

 ：应用于Game视图，当点击播放按钮 时，Game视图会被激活，实时显示游戏运行的画面效果，用户可在编辑和游戏状态之间随意切换，使得游戏的调试和运行变得便捷、高效。

（4）Layers

 ：用来控制游戏对象在Scene视图中的显示，在下拉菜单中为显示状态 的物体将被显示在Scene视图中。

（5）Layout

 ：用来切换视图的布局，用户也可以存储自定义的界面布局。

8.2.4 打开工程文件

Unity拥有资源丰富的在线资源商城（Asset Store），商城提供了大量的模型、材质、音效、脚本等素材资源，甚至是整个项目工程，这些免费或收费的资源来自全球各地的开发者，他们开发出好用的素材和工具后放在Asset Store中与其他人分享。这里我们通过下载相关的素材资源来介绍Unity打开工程文件的操作。

①首先从Asset Store下载3D工程：Free Rocks。启动Unity应用程序，选择Window→Asset Store命令，打开Unity的Asset Store窗口，通过分类目录快速寻找到所需要的素材资源。

②选择合适的素材资源，下载即可。

③下载完成后，会自动弹出【Importing package】对话框，单击【Import】按钮，就可将场景载入当前的工程中。

④在Project视图中展开Assets→Free_Rocks文件夹，然后双击demo场景图标载入新导入的游戏场景，这时会弹出对话框，提示是否保存之前的场景文件，根据情况决定是否保存即可。

这样就完成了3D场景的加载。按Ctrl+S键保存当前的场景。

8.2.5 常用工作视图

熟悉并掌握各种视图操作是学习Unity的基础，以下将介绍Unity常用视图的界面布局以及相关操作。

（1）Project（项目视图）

Project是Unity整个项目工程的资源汇总，包含了游戏场景中用到的脚本、材质、字体、贴图、外部导入的网格模型等资源文件。在Project中，左侧面板是显示该工程的文件夹层级结构，当某个文件夹被选中后，会在右侧的面板中显示该文件夹中所包含的资源内容，各种不同的资源类型都有对应的图标，以方便用户识别。

（2）Scene（场景视图）

Scene是Unity最常用的视图之一，该视图用来构造游戏场景，用户可以在这个视图中对游戏对象进行操作。以3D Rocks工程为例，场景中所用到的模型、光源、摄像机等都显示在此窗口。

（3）Game（游戏视图）

Game是显示游戏最终运行效果的预览窗口。通过单击工具栏中的播放按钮▶即可在Game窗口中进行游戏的实时预览，方便游戏的调试和开发。

（4）Inspector（检视视图）

Inspector用于显示在游戏场景中当前所选择游戏对象的详细信息和属性设置，包括对象的名称、标签、位置坐标、旋转角度、缩放、组件等信息。

（5）Hierarchy（层级视图）

Hierarchy用于显示当前场景中的每个游戏对象，用户如果随意命名场景中的对象，那么非常容易重名，当要查找所需的对象时，就难以辨别了，所以良好的命名规范在项目中有着很重要的意义。

（6）Console（控制台视图）

Console是Unity的调试工具，用户可以编写脚本并在Console视图输出调试信息。项目中的任何错误、消息或警告，都会在这个视图中显示出来。用户可在Console中双击错误信息，从而调用代码编辑器自动定位有问题的脚本代码位置。

用户也可依次打开菜单栏中的Window→Console项或按Ctrl+Shift+C快捷键来打开Console，单击编辑器底部状态栏的信息同样可以打开该视图。

（7）Animation（动画视图）

Animation用于在Unity中创建和编辑游戏对象的动画剪辑(animation clips)，用户可以依次打开菜单栏中的Window→Animation项，或按快捷键Ctrl+6来打开Animation。

（8）Animator（动画控制器视图）

Animator用于预览和设置角色行为，用户可以依次打开菜单栏中的Window→Animator项打开Animator。

（9）Sprite Editor（Sprite编辑器）

Sprite Editor是用于建立Sprite的工具，使用它可以提取复杂图片中的元素，并分别建立Sprite。

（10）Sprite Packer（Sprite打包工具）

Sprite Packer是用于制作Sprite图集的工具，其可以将各个Sprite制作成图集，这样可以把图片的空间利用率提高，以减少资源的浪费。

（11）Lightmapping（光照贴图烘焙视图）

Unity内置了光照贴图烘焙工具Beast。使用Beast可以通过对场景的网格物体、材质贴图和灯光属性的设置来烘焙场景，从而得到完美的光照贴图。

（12）Occlusion Culling（遮挡剔除视图）

Occlusion Culling是当一个物体被其他物体遮挡住，而不在摄像机的可视范围内时，不对其进行渲染。

（13）Navigation（导航寻路视图）

Navigation是游戏中常用的技术，通过点击场景上的一个位置，游戏角色就会自动寻路过去，行走过程中角色会自动绕过障碍物，最终达到终点。用户可依次打开菜单栏中的Window→Navigation项来打开该视图。

（14）Version Control（版本控制视图）

使用此视图可以轻松回到某一个时间点的版本，这对于开发者而言是重要的功能。特别是团队协作开发的时候，这样保证了代码的统一，避免相互覆盖的情况出现。

默认情况下Unity的版本控制是关闭的，可依次打开菜单栏中的Edit→Project Setting→Editor，然后在Inspector中将Version Control的Mode设置为Asset Server，接着按组合键Ctrl+0即可打开Version Control。

（15）Asset Store（在线资源商城）

Unity的Asset Store拥有丰富的资源素材库，全球各地的开发者都在这里分享自己的工作成果，其涵盖了材质、模型、动画、插件以及完整的项目实例等资源素材，可以在Unity编辑器里下载并直接导入项目工程。

8.3 创建基本的3D游戏场景

8.3.1 创建游戏工程和场景

①启动Unity应用程序，在弹出的对话框中单击【New project】按钮，然后修改项目工程名称，设置好保存路径，单击对话框左下角的3D选项切换到3D工作环境，然后单击【Create project】按钮新建游戏工程。

②完成以上步骤后，Unity会自动创建一个新的项目工程，在场景中包含一台名为Main Camera的摄像机以及Directional Light(方向光)，在Hierarchy视图中选择该摄像机，在Scene视图中的右下角会弹出Camera Preview（摄像机预览）缩略图。

③选择GameObject→3D Object→Plane菜单命令，为场景添加一个平面，然后在Plane的Inspector视图中，将Transform组件的Position属性值设置为(0, 0, 0)。

④在场景中创建好对象后选择File→Save Scene命令，或者按快捷键Ctrl+S将场景保存。这样一个工程场景文件就创建好了。

8.3.2 创建光源和阴影

光源是场景的重要组成部分。光源决定了场景环境的明暗、色彩和氛围。

①创建光源。选择GameObject→Light菜单命令，然后会出现可供选择的光源类型，因场景中有一个默认的方向

光源，所以可以不用再添加方向光源。

②设置阴影。在Hierarchy视图中选中Directional Light，然后在Inspector视图中，将Light下的Shadow Type设置为Hard Shadows（硬阴影），然后对Strength（强度）设置合适的数值。

8.3.3 添加场景静态景物

①创建立方体。选择GameObject→3D Object→Cube菜单命令，在Scene视图中新建一个立方体。

②创建一个材质。在Project视图中，右击Assets文件夹并选择Create→Material选项，在Assets文件夹下新建一个材质，并将材质命名为Material01。

③设置材质贴图。在Assets文件夹下选中Material01，然后在其Inspector视图中，单击Albedo左侧的◎按钮，在弹出的Select Texture对话框中选择PalmBark。

④将材质Material01拖动到Hierarchy视图中的Cube上，在Scene视图中Cube会显示添加材质后的效果。

这样一个带有材质的物体就添加完成了。

8.3.4 添加环境和效果

（1）添加天空盒

①依次打开菜单栏中的Assets→Import Package→Custom Package选项，在弹出的【Import package】对话框中，打开\Book\Projects\Chapter06选择Skyboxes.unitypackage，然后单击"打开"按钮，在弹出的【Importing package】对话框中单击右下角的【Import】按钮，将资源导入。

②依次打开菜单栏中的Window→Lighting，然后在Lighting视图的Scene选项中，单击Skybox右侧的◎按钮，在弹出的【Select Material】对话框中选择【Sunny1 Skybox】。

③单击工具栏中的▶按钮，可以看到添加的天空盒效果。

（2）添加雾效

①依次打开菜单栏中的Window→Lighting，然后在Lighting视图的【Scene】选项中，勾选【Fog】选项开启雾效。

②单击工具栏中的▶按钮，可以看到开启雾效的效果。

（3）添加音效

①创建一个文件夹管理音效。选择Assets→Create→Folder菜单命令，在Project视图中的【Assets】下新建一个文件夹，将其命名为"Music"。

②导入音效。在Project视图中，右击Music文件夹选择【Import New Assets】选项，在弹出的【Import New

Assets】对话框中，打开音效文件，然后单击【Import】按钮，将音效资源导入。

③添加音效。在Project视图中的Music文件夹下，将音效文件拖动到Hierarchy视图中，再在音效文件的Inspector视图中设置音像的相关属性，完成音效的添加。

8.4 资源导入导出流程

8.4.1 3D模型、材质的导入

（1）3D模型的导入

①打开Unity应用程序。单击【New Project】选项卡，在New Unity Project输入框中输入文件名，单击 ⋯⋯ 按钮选择即将创建新工程的目录，单击选择3D按钮创建3D场景，最后单击【Create project】按钮创建一个新的工程。

②选择Assets→Create→Folder菜单命令，在Project面板内创建一个文件夹，也可在Project面板空白处右击，然后选择Create→Folder创建一个文件夹。

③将Project面板中的New Folder文件夹改名为流程①中设置的文件名，然后将3D模型文件拷贝到此文件夹中。

④选中该3D模型文件，在Inspector视图中可以看到该资源的相关属性。

⑤3D模型导入Unity中的基本设置工作已经完成后，在Project视图中的Assets文件夹中单击选中该Prefab文件，拖动到Scene视图或Hierarchy视图中，此时Scene视图中就已经将此Prefab显示出来。在Scene视图以及Hierarchy视图中出现的所有元素，都可以理解为游戏对象。

⑥选中此游戏对象后，在Inspector视图中将显示该游戏对象的属性以及附加的组件。

（2）2D图像的导入

Unity支持的图像文件格式包括TIFF、PSD、TGA、JPG、PNG、GIF、BMP、IFF、PICT等。

在几乎所有的游戏引擎中，图片的像素尺寸都是需要注意的，为了优化运行效率，建议图片纹理的尺寸是2的n次幂，例如32、64、128、256、1024等，图片的长、宽则不需要一致。

Unity也支持非2的n次幂尺寸图片。Unity会将其转化为一个非压缩的RGBA32位格式，但是这样会降低加载速度，并增加游戏发布包的文件大小。非2的n次幂尺寸图片可以在导入设置中使用NonPower2 Sizes Up将其调整到2的n次幂尺寸。这样该图片同其他2的n次幂尺寸图片就没有什么区别了，同时要注意的是，这种方法可能会因改变图片的比例而导致图片质量下降，所以建议在制作图片资源时就按照2的n次幂尺寸规格来制作，除非此图片是计划用于GUI纹

理时使用。

Unity是一款可以跨平台发布游戏的引擎。如果为不同平台手动制作或修改相应尺寸的图片资源，将是非常不方便的。Unity为用户提供了专门的解决方案，可以在项目中将同一张图片纹理依据不同的平台直接进行相关的设置，效率非常高，下面就来介绍如何根据不同平台对图片资源进行设置。

①根据前面所讲的内容新建一个项目，选择Assets→Import New Asset菜单命令，可随意选中一张图片素材导入，导入后会在Project视图中的Assets文件夹中显示该图片。

②单击选中该图片资源，在Inspector视图中可以根据不同的平台进行相应的图片尺寸设置，也就是说，在最终发布时，Unity会依据设定来调整图片的尺寸。

（3）3D动画的导入

①打开Unity应用程序。单击【Open other】选项卡，在弹出的窗口中选择要导入的动画文件，在Inspector面板中打开【Rig】选项卡。

②设置【Rig】选项卡中的Animation Type为Legacy，然后单击 Apply 按钮。

③打开【Animations】选项卡，将Wrap Mode设置为Loop，然后单击 Apply 按钮。

这样，动画文件就导入到Unity中了。

（4）2D动画的导入

①打开Unity应用程序，单击【New Project】选项卡，在【New Unity Project】输入框中输入要命名的文件名，然后单击 ⋯ 选择新建工程的目录，单击选择 ❐（2D场景）按钮创建2D场景，最后单击【Create】按钮创建一个新的工程。

②选择Assets→Create→Folder菜单命令，在Project面板内创建一个文件夹并命名。将序列帧图片拷贝到该文件夹，并设置贴图类型为Sprite（2D and UI）。

③选择GameObject→2DObject→Sprite菜单命令，创建一个2D Sprite。

④选择Window→Animation菜单命令创建动画，在弹出的Animation视图中单击【Add Property】按钮后，在弹出的窗口中存储动画，并命名。

⑤将2D文件夹中的动画序列帧拖拽到Animation编辑器中，设置相关参数后，2D动画导入完毕。

（5）音频、视频的导入

Unity支持大多数的音频格式，未经压缩的音频格式以及压缩过的音频格式文件都可直接导入Unity中进行编辑、使用。

对于较短的音乐、音效可以使用未经压缩的音频(WAV、AIFF)。虽然未压缩的音频数据量较大，但音质会很好，并

且声音在播放时并不需要解码，一般适用于游戏音效。

而对于时间较长的音乐、音效，建议使用压缩的音频(Ogg Vorbis、MP3)，压缩过的音频数据量比较小，但是音质会有轻微损失，而且需要经过解码，一般适用于游戏背景音乐。

Unity通过Apple QuickTime导入视频文件。这意味着Unity仅支持QuickTime支持的视频格式（.mov、.mpg、.mpeg、.mp4、.avi、.asf）。在Windows系统中导入视频，需要安装QuickTime软件。

①Unity音频、视频资源导入后的设置

a.在Unity的Project面板中创建一个文件夹并命名为Mp3，然后拷贝一个音频文件到此文件夹中，此与图片资源的导入方法是相同的。

b.单击选中该音频资源，在Inspector视图中可以看到该音频资源的相关属性。

②Unity中视频参数设置

视频资源导入到Unity的方法同其他资源的导入方法是相似的。

a.在Unity的Project面板中创建一个文件夹并命名为Movie，然后拷贝一个视频文件到此文件夹中，此与图片资源的导入方法是相同的。如果导入的视频资源含有音轨，音轨也将被一同导入，该音轨将作为该Movie Texture的子物体出现。

b.单击选中该视频资源，在Inspector视图中可以看到该音频资源的相关属性。

8.4.2 资源包的导入

（1）Unity Asset Store简介

在创建游戏时，利用Asset Store中的资源可以节省时间、提高效率。其资源包括人物模型、动画、粒子特效、纹理、游戏创作工具、音频特效、音乐、可视化编程解决方案、功能脚本和其他各类扩展插件，作为一个发布者，可以通过Asset Store免费提供或出售资源。

Asset Store还能为用户提供技术支持服务。Unity已经和业内一些最好的在线服务商开展了合作，用户只需下载相关插件，企业级分析、综合支付、增值变现服务等解决方案均可与Unity开发环境完美整合。

（2）Unity Asset Store如何使用

下面将结合实际操作来讲解在Unity中如何使用Asset Store的相关资源。

①在Unity中依次打开菜单栏中的Window→Asset Store项，或按Ctrl+9组合键，打开Asset Store视图。

②打开Asset Store视图后，首先显示的是主页，可

以看到主页的布局，包括搜索、资源分类、交易、实时更新资讯、热门排行等模块。如果用户第一次访问Asset Store，系统会提示用户建立一个免费账户以便访问相关资源。

③在Categories资源分类区中依次打开Complete Projects→Unity Tech Demos，这样在左侧的区域中会显示Unity相应的技术Demo，单击其中的Mecanim Example Scenes链接即可打开Mecanim Example Scenes资源的详细介绍。

④在打开的Mecanim Example Scenes资源详细页面，可以查看该资源对应的Category（分类）、Publisher（发行商）、Rating（评级）、Version（版本号）、Size（尺寸大小）、Price（售价）和简要介绍等相关信息。用户还可以预览该资源的相关图片，并且在Package Contents区域还可以浏览资源的文件结构等内容。

⑤在Mecanim Example Scenes详细页面通过单击【Download】按钮，即可进行资源的下载。当资源下载完成后，Unity会自动弹出【Importing Package】对话框，对话框的左侧是需要导入的资源文件列表，右侧是资源对应的缩略图，单击【Import】按钮即可将所下载的资源导入到当前的Unity项目中。

⑥资源导入完成后，在Project View中的Assets文件夹下会显示出新增的，单击Animator Controller.unity图标即可载入该案例，再单击播放按钮即可运行这个案例。

⑦用户还可以在Asset Store视图中通过单击 图标显示Unity标准的资源包和用户已下载的资源包，对于已下载的资源包可以通过单击【Import】按钮将其加载到当前的项目中。

8.4.3 资源包的导出

Unity的Export/Import Package功能主要用途是在不同的项目之间实现复用。下面将讲述该功能的具体表现，以及如何利用该功能实现多人项目的协作。

①选择要导出的文件，然后选择Asset→Export Package菜单命令（也可选择要导出的文件，在Project面板中右击，在弹出的菜单中选择导出）。

②在导出时，Unity会记录导出内容在项目中的完整路径，并在导入时重建对应的目录结构。因此，可以方便地在项目间同步目录。导出时，Unity会提供"选择是否导出被关联"的内容。如果勾选，会自动添加被关联的内容，并显示在列表中。

③选择Asset→Import Package→Custom Package菜单命令，在弹出的对话框中选择要导入的.unitypackage文件。

④Unity会判断当前项目中是否存在名称、路径完全相同的文件。如果路径相同，会提示是否覆盖。

导出的Custom Package包自动包含了相关元数据信息，弥补了用SVN无法管理这些数据的缺陷，这样就可以将二者配合使用，达到多人在一个项目中协同工作的效果。

9

虚拟样板间装修设计平台开发

本章案例主要介绍如何从设计开始完成一个小型的虚拟样板间，内容主要涉及样板间模型的制作、UI界面的搭建、摄像机和点击交互等功能的使用。

9.1 虚拟样板间的策划及准备工作

在使用Unity引擎制作虚拟样板间的交互功能之前，我们需要对整个流程进行细致的策划和设计，本节主要介绍设计理念，并为之后的制作做素材方面的准备，主要讲解模型、贴图和UI方面的准备。

9.1.1 虚拟样板间的交互设计

在室内空间的设计中引入"交互设计"的理念，有助于优化人与室内环境的相互协调，实现各功能分区的有效利用。数字化时代改变了传统设计的形式，视觉表达形式可看作是沟通设计方案的最基本方法之一。通过用户和虚拟样板间之间实现的交互设计，能满足用户的交流互动体验，为用户与样板间之间创建互动平台，使样板间更具吸引性、易用性。

交互设计是一种目标导向设计，所有的工作内容都是在围绕着用户行为去设计的。虚拟样板间的交互设计，目的在于让用户更沉浸、更方便、更有效率地去完成他们预想的操作，获得愉快的用户体验。

进行实际制作前，首先要设计几种交互设计策划方案，并选择一种写成文档或者幻灯片保存，以时时提醒自己根据策划方案进行下面的制作，以防走弯路。

在虚拟样板间设计应用方面，使用虚拟现实技术不仅能十分完美地表现室内外环境，而且用户能在三维的室内外空间中自由行走。这样，就可以实现即时、动态地对墙壁颜色进行更换或贴上不同材质的墙纸，还可以更换地面颜色或为其贴不同的木地板、瓷砖等，更能移动家具的摆放位置、更换不同的装饰物。不仅如此，用户还能在整个房间内欣赏到户外的风景，这大大刺激了浏览者的视听感受。这一切都将在虚拟现实技术下被完美表现。

以下有几条交互设计的策划方案：

①观赏镜头切换功能

自动观赏和主动观赏来回切换的交互，可以保证用户多视角的观赏，增加用户的自由感和体验感。

②墙纸及地面材质的替换功能

墙纸和地面材质的替换交互能激发用户的参与性，并让用户按照自己的喜好装饰样板间，相较于仅仅是观赏商家设计好的固定样式，用户自主交互完成的样板间样式通常更能激发用户的满意度和购买欲。

③家具的添加、互动、移动及删除功能

家具摆放及设置方面的交互不仅丰富了样板间的样式，更提高了用户的体验感，与家具的互动更能让用户身临其境，感受到对房间的掌控权，提前感受拥有真实房间后的日常生活状态。他们可以在虚拟样板间中设计出心目中完整的"家"。

④样板间的整体观赏功能

一个与房间户型的交互是很有必要的，通过让用户达到一个上帝视角，宏观地观看整个样板间的微缩模型，可以增强用户的体验感，更向用户提供他们想要的对样板间面积大小、户型分布等全部信息掌控的需求。

9.1.2 使用Unity开发前的准备工作

（1）创建样板间模型

使用3ds Max创建的样板间模型如图9.1、图9.2所示。

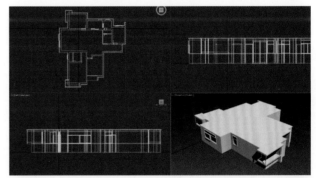

图9.1

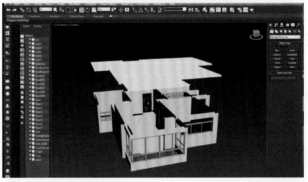

图9.2

①创建户型参考

根据户型图上的长、宽数据，建立一个同长、宽的Plane，将户型图作为贴图贴在平面上，作为参考。（注意：将3ds Max内单位改成m或cm，这样有利于建模时对真实距离的掌握。）创建户型参考的步骤如下：

a.在Customize菜单下找到【Units Setup】选项，打开该选项，如图9.3所示，点击上方【System Units Setup】按钮，会弹出图9.4所示的界面，选择"1 Unit=1.0 Centimeters"，点击【OK】按钮即可将单位保存为cm。

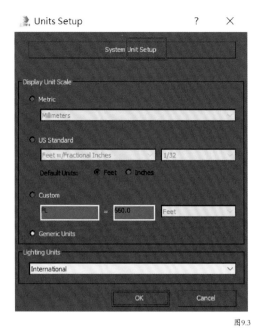

图9.3

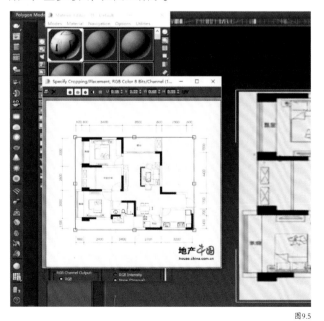

图9.4

b.建立一个Plane，按M快捷键打开材质面板，对Plane贴上户型参考图，如图9.5所示。

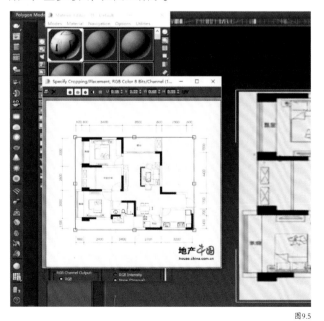

图9.5

c.将参考图片贴在Plane上之后，需要将其"冻结"，以免操作时点击到参考图片，造成不必要的麻烦。

鼠标右键点击想要冻结的模型，找到Object Properties，如图9.6所示，勾选【Freeze】，取消【Show Forzen in Gray】，否则模型上的贴图会成为一片灰色。

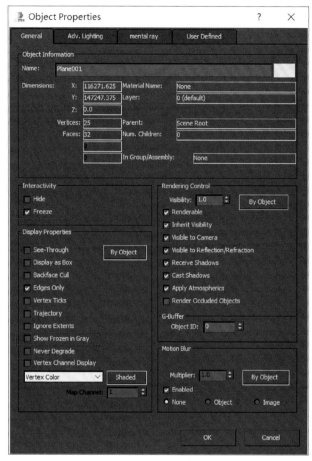

图9.6

d.更改Plane的长、宽值，使其与真实的样板间大小相匹配，节省了以后处理样板间大小的问题。改变长、宽值前，需要对虚拟样板间的户型图进行解读，计算好图上给出的数据，再看好墙体及窗体的位置。Plane的长、宽值根据户型图计算得来，在Plane的属性下进行修改。建立Plane时，右侧会显示属性，在属性中找到图9.7所示的面板进行更改。

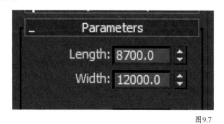

图9.7

②创建墙体和踢脚线

根据户型图上的数据，利用画线或者其他方法进行建模。

此处笔者采用了画线的方法进行初步的形状搭建，主要原因在于户型图的复杂性使得利用box加线的建模方法过于麻烦，且不好与参考图进行实时的比对，不利于户型的精确性；而利用画线的方法，保证了对户型形状的基本还原，也更利于调整。步骤如下：

a.界面右侧找到图9.8所示的面板，选择【Line】，沿着户型的墙体画好连续的线条后（图9.9），利用修改器Extrude进行挤出，挤出高度自定义，样板间通常高度为2.7～3.0m，完成后效果如图9.10所示。

图9.8

图9.9

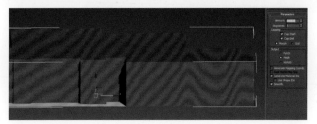

图9.10

b.将房顶和地板Detach备用。此刻我们就拥有了外墙体，效果如图9.11所示。

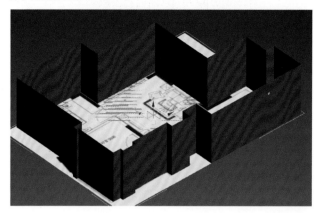

图9.11

利用同样的方法，我们可以获得内墙体，效果如图9.12所示（内墙体的线最好复制一份，以方便制作踢脚线）。

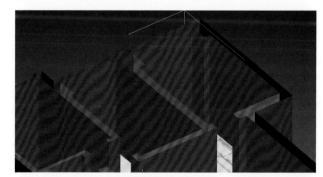

图9.12

通常制作中，我们都把内、外墙体的线同时画出来，进行修缮和对齐，保证墙体厚度不会产生不一致的问题（根据户型图具体情形来判定），确认对齐后再进行挤出等工序，这样可有效减少后期修改的难度。

c.利用内墙体的线条进行加工可得踢脚线。选中【Line】的属性，找到【Outline】，并添加一定宽度。再进行Exturde操作，挤出一定高度。操作过程如图9.13、图9.14所示。

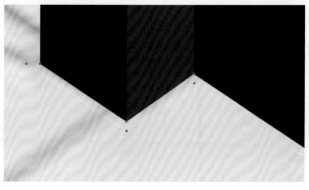

图9.13

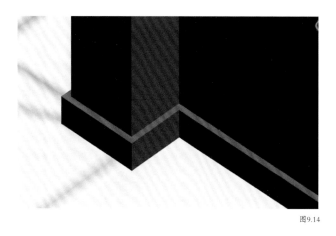

图9.14

③添加门及窗框

门及窗框可以通过各种建模手段添加，需要注意，门窗的样式、厚度、高度等要接近真实门窗的实际尺寸。国家标准规定，室内门高度一般不低于2.0m，最高不宜超过2.4m。

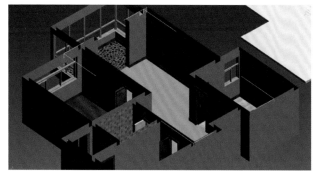

图9.15

操作时选择自己喜欢的方法建模即可。此处对于门，笔者选择在墙体上进行加线，再分离删除面的方法，将墙体打开，再制作独立的门以及门框（计算好高度和宽度，务必要和墙体上打开的部分宽、高一致，不要出现重合的面，更不要使门体比墙上的开口还要窄或低），最后将制作好的门体放在门洞的位置即可。

a.通过加线并删除面的方式，在墙体上删掉一个长方形的面，作为门打开的地方，如图9.16所示。

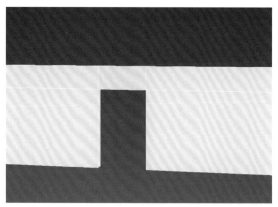

图9.16

b.用Birdge命令将墙体之间的缝隙封住，如图9.17所示。

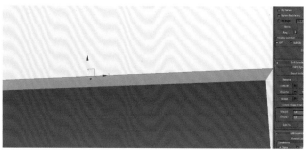

图9.17

门框要比门体本身的宽度和高度多出5cm左右，正好包住门体，结构如图9.18所示，任意建模方式皆可。

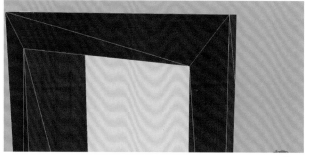

图9.18

窗体与门体同理，制作时需要遵从窗户本身的结构。图9.19至图9.21所示为部分可参考结构图。

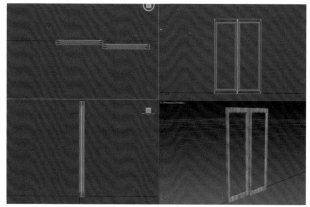

图9.19

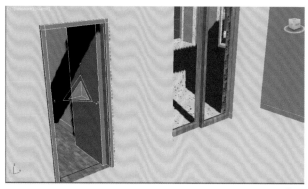

图9.20

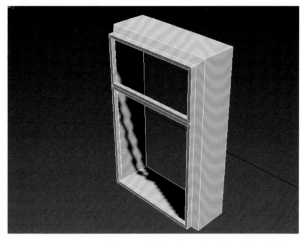

图9.21

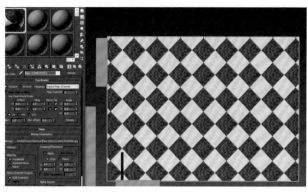

图9.23

其他贴图同理，调整到最合适的大小，逐个地板贴上材质，效果如图9.24所示。

（2）制作材质贴图

制作一些地板、墙纸的材质贴图放在文件夹中备用，平时多注意收集和整理贴图素材，并做好分类整理，以便之后的工作需要。

贴图需具备的要求如下：

a.分辨率在能满足清晰度要求的情况下不要过高；

b.贴图最好为正方形，且清晰、可无缝衔接的图片，如分辨率为1024×1024的图片；

c.各个贴图的大小要统一，因为当进入Unity后，我们要进行贴图的置换，如果贴图大小不一，容易造成A材质贴图下地板或墙纸的纹路符合现实，而换成B材质贴图后，出现过大或者过小的问题，毕竟我们的UV大小是固定的，为了不在Unity实现更换贴图阶段遇到不必要的麻烦，请务必注意。

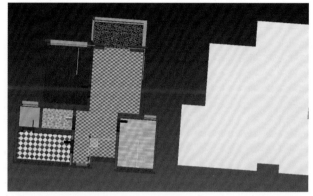

图9.24

全部贴图整理完毕后就可以导出了。导出时注意3ds Max中的轴与Unity 3D中的轴不同，如图9.25至图9.27所示。

因为虚拟样板间需要真实性，贴图的大小必须接近真实，所以在3ds Max中，先为模型附上黑白格材质，使用UVW.Map修改器进行校准，根据贴图的分辨率校准好大小后，按照常规方法贴图即可。黑白格贴图效果如图9.22所示。

图9.25

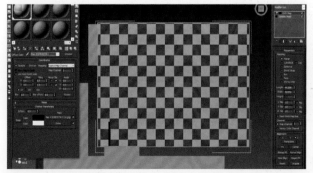

图9.22

调整到满意的贴图大小后，将贴图替换为准备好的材质贴图，效果如图9.23所示。

图9.26

图9.27

（3）设计制作UI

UI素材根据需求，用Photoshop制作即可。具体操作过程这里不再详细介绍。相关的UI素材如图9.28所示。

UI素材基本包括：背景图标、三种视角切换按钮、可添加家具的图片、家具添加用按钮、更换贴图使用的确认按钮。

制作虚拟样板间的主要目的在于观赏样板间，UI的风格无论是清新还是贵气，简洁十分重要，在功能完备的基础上留下观赏空间，最好有可以完全收回UI面板的按钮，比如自动游历按钮可以隐藏大部分UI，增加直观性。

制作完成后将UI放到一个文件夹中。

9.2　在Unity中搭建场景

本节将进行场景的搭建，运用Unity自带的灯光效果和材质系统对场景进行制作和美化。

9.2.1　导入模型、贴图及布置灯光

导入模型、贴图，并布置好灯光后的效果，如图9.29所示，步骤如下：

a.建立一个新的Unity 3D场景，并建立文件夹，

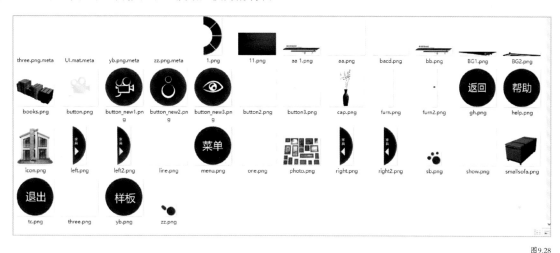

图9.28

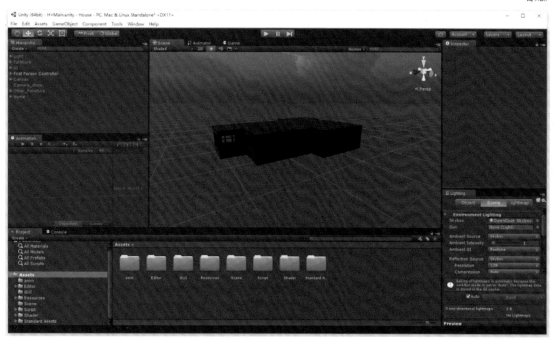

图9.29

Resources、Scene、Script文件夹是比较重要的三个，分别存放模型贴图资源、场景文件、脚本文件。Standard Assets及Editor是插件自动生成文件夹，Anim存放动画文件。随后拖入之前导出的FBX文件，并将使用的材质贴图放入根文件中。

b.创建灯光，Unity自带多种灯光，先创造环境光Directional Light，最好打两盏环境光，并且为相反的方向，消除背面过硬的黑影，随后室内利用点光源根据需求点缀。鼠标右键点击Hierarchy面板中的空位，打开图9.30所示菜单，进行选择即可在场景中生成一个Directional Light。添加两盏灯光后，整个画面会变亮，结果如图9.31所示。

图9.32

Mirror Shader的功能由图9.33所示的文件组成。

图9.33

在需要添加Mirror反射的物体上添加Mirror.cs代码，并改变贴图参数，如图9.34所示。

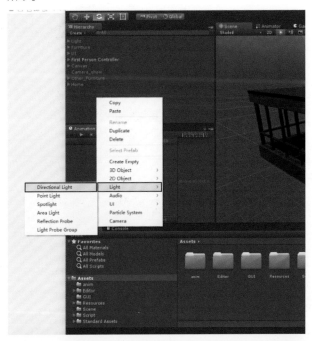

图9.30

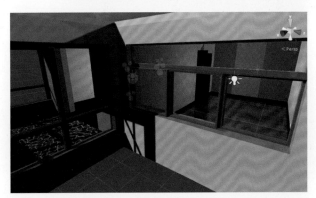

图9.31

图9.34

最后为全部模型添加一些增加美观的Shader及碰撞。添加后的属性面板如图9.32所示。

Mirror.cs 代码：

```csharp
using UnityEngine;
using System.Collections;
[ExecuteInEditMode]
public class Mirror:MonoBehaviour
{
    public bool m_DisablePixelLights=true;
    public int m_TextureSize=256;
    public float m_ClipPlaneOffset=0.07f;
    public bool m_IsFlatMirror=true;
    public LayerMask m_ReflectLayers=-1;
    private Hashtable m_ReflectionCameras=new Hashtable();
    private RenderTexture m_ReflectionTexture= null;
    private int m_OldReflectionTextureSize=0;
    private static bool s_InsideRendering=false;
    public void OnWillRenderObject()
    {
        if(!enabled||!GetComponent<Renderer>()||!GetComponent<Renderer>().sharedMaterial||!GetComponent<Renderer>().enabled)
            return;
        Camera cam=Camera.current;
        if(!cam)
            return;
        if(s_InsideRendering)
            return;
        s_InsideRendering=true;
        Camera reflectionCamera;
        CreateMirrorObjects(cam, out reflectionCamera);
        Vector3 pos=transform.position;
        Vector3 normal;
        if(m_IsFlatMirror){
        normal=transform.up;
        }
        else{
            normal=transform.position-cam.transform.position;
            normal.Normalize();
        }
        int oldPixelLightCount=QualitySettings.pixelLightCount;
        if(m_DisablePixelLights)
            QualitySettings.pixelLightCount=0;
        UpdateCameraModes(cam, reflectionCamera);
        float d=-Vector3.Dot(normal,pos)-m_ClipPlaneOffset;
        Vector4 reflectionPlane=new Vector4(normal.x, normal.y, normal.z, d);
        Matrix4x4 reflection=Matrix4x4.zero;
        CalculateReflectionMatrix(ref reflection, reflectionPlane);
        Vector3 oldpos=cam.transform.position;
        Vector3 newpos=reflection.MultiplyPoint( oldpos);
        reflectionCamera.worldToCameraMatrix=cam.worldToCameraMatrix * reflection;
        Vector4 clipPlane=CameraSpacePlane( reflectionCamera,pos,normal,1.0f);
        Matrix4x4 projection=cam.projectionMatrix;
        CalculateObliqueMatrix (ref projection, clipPlane);
        reflectionCamera.projectionMatrix= projection;
        reflectionCamera.cullingMask=~(1<<4)&m_ReflectLayers.value;
        reflectionCamera.targetTexture=m_ReflectionTexture;
        GL.SetRevertBackfacing(true);
        reflectionCamera.transform.position=newpos;
        Vector3 euler=cam.transform.eulerAngles;
        reflectionCamera.transform.eulerAngles=new Vector3(0, euler.y, euler.z);
        reflectionCamera.Render();
        reflectionCamera.transform.position=oldpos;
        GL.SetRevertBackfacing (false);
        Material[] materials=GetComponent<Renderer>().sharedMaterials;
        foreach(Material mat in materials) {
            if(mat.HasProperty( "_Ref" ))
                mat.SetTexture( "_Ref" ,m_ReflectionTexture);
        }
        if(m_DisablePixelLights)
            QualitySettings.pixelLightCount= oldPixelLightCount;
        s_InsideRendering=false;
    }
    void OnDisable()
    {
        if(m_ReflectionTexture) {
```

```
        DestroyImmediate(m_ReflectionTexture);
        m_ReflectionTexture=null;
    }
    foreach(DictionaryEntry kvp in m_ReflectionCameras)
            DestroyImmediate(((Camera)kvp.Value).
gameObject);
        m_ReflectionCameras.Clear();
    }
    private void UpdateCameraModes(Camera src, Camera dest)
    {
        if(dest==null)
            return
        dest.clearFlags=src.clearFlags;
        dest.backgroundColor=src.backgroundColor;
        if(src.clearFlags==CameraClearFlags.Skybox)
        {
            Skybox sky=src.GetComponent(typeof(Skybox))as
Skybox;
            Skybox mysky=dest.GetComponent(typeof(Skybox))
as Skybox;
            if(!sky || !sky.material)
            {
                mysky.enabled=false;
            }
            else
            {
                mysky.enabled=true;
                mysky.material=sky.material;
            }
        }
        dest.farClipPlane=src.farClipPlane;
        dest.nearClipPlane=src.nearClipPlane;
        dest.orthographic=src.orthographic;
        dest.fieldOfView=src.fieldOfView;
        dest.aspect=src.aspect;
        dest.orthographicSize=src.orthographicSize;
            dest.renderingPath=src.renderingPath;
    }
    private void CreateMirrorObjects(Camera currentCamera,
out Camera reflectionCamera)
    {
        reflectionCamera=null;
        if(!m_ReflectionTexture||m_OldReflectionTextureSize
!=m_TextureSize)
        {
            if(m_ReflectionTexture)
                DestroyImmediate(m_ReflectionTexture ;
                m_ReflectionTexture=new RenderTexture(m_
TextureSize, m_TextureSize, 16 );
                m_ReflectionTexture.name= "__MirrorReflectio
n" +GetInstanceID();
                m_ReflectionTexture.isPowerOfTwo=true;
                m_ReflectionTexture.hideFlags=HideFlags.DontSave;
                m_OldReflectionTextureSize=m_TextureSize;
        }
        reflectionCamera=m_ReflectionCameras[currentCame
ra] as Camera;
        if(!reflectionCamera)
        {
            GameObject go=new GameObject( "Mirror
Refl Camera id" +GetInstanceID()+ " for "+currentCamera.
GetInstanceID(),typeof(Camera), typeof(Skybox));
            reflectionCamera= go.GetComponent<Camera>();
            reflectionCamera.enabled=false;
            reflectionCamera.transform.position=transform.
position;
            reflectionCamera.transform.rotation=transform.
rotation;
            reflectionCamera.gameObject.AddComponent<FlareLayer>();
            go.hideFlags=HideFlags.HideAndDontSave;
            m_ReflectionCameras[currentCamera]=
reflectionCamera;
        }
    }
    private static float sgn(float a)
    {
        if(a>0.0f) return 1.0f;
        if(a<0.0f) return-1.0f;
        return 0.0f;
    }
    private Vector4 CameraSpacePlane (Camera cam, Vector3
pos, Vector3 normal, float sideSign)
    {
        Vector3 offsetPos=pos+normal*m_ClipPlaneOffset;
        Matrix4x4 m=cam.worldToCameraMatrix;
        Vector3 cpos=m.MultiplyPoint(offsetPos);
```

```
        Vector3 cnormal=m.MultiplyVector(normal).
normalized * sideSign;
        return new Vector4( cnormal.x, cnormal.y, cnormal.z,
-Vector3.Dot(cpos,cnormal) );
    }

    private static void CalculateObliqueMatrix (ref
Matrix4x4 projection, Vector4 clipPlane)
    {
        Vector4 q=projection.inverse * new Vector4(
            sgn(clipPlane.x),
            sgn(clipPlane.y),
            1.0f,
            1.0f
        );
            Vector4 c=clipPlane*(2.0F/(Vector4.Dot(clipPlane,
q)));

        projection[2]=c.x-projection[3];

        projection[6]=c.y-projection[7];

        projection[10]=c.z-projection[11];

        projection[14]=c.w-projection[15];
    }

    private static void CalculateReflectionMatrix (ref
Matrix4x4 reflectionMat, Vector4 plane)
    {

        reflectionMat.m00=(1F-2F*plane[0]*plane[0]);

        reflectionMat.m01=(-2F*plane[0]*plane[1]);

        reflectionMat.m02=(-2F*plane[0]*plane[2]);

        reflectionMat.m03=(-2F*plane[3]*plane[0]);

        reflectionMat.m10=(-2F*plane[1]*plane[0]);

        reflectionMat.m11=(1F-2F*plane[1]*plane[1]);

        reflectionMat.m12=(-2F*plane[1]*plane[2]);

        reflectionMat.m13=(-2F*plane[3]*plane[1]);

        reflectionMat.m20=(-2F*plane[2]*plane[0]);

        reflectionMat.m21=(-2F*plane[2]*plane[1]);

        reflectionMat.m22=(1F-2F*plane[2]*plane[2]);

        reflectionMat.m23=(-2F*plane[3]*plane[2]);

        reflectionMat.m30=0F;

        reflectionMat.m31=0F;

        reflectionMat.m32=0F;

        reflectionMat.m33=1F;
    }
}
```

9.2.2　创建UI布局

如图9.35所示，先创建一个Canvas画布。

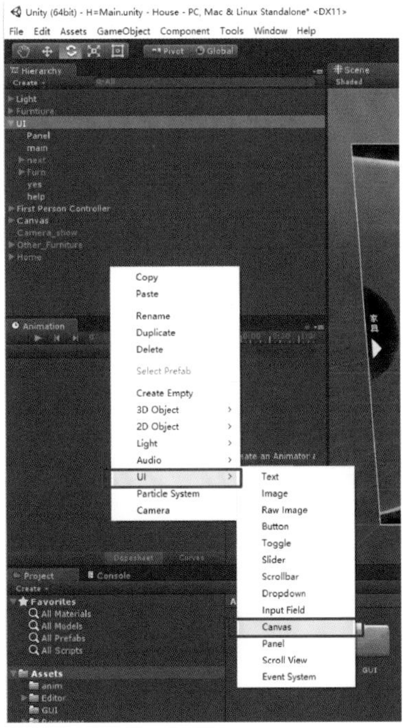

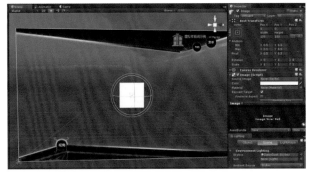

图9.35

下面以家具按钮为例来讲解操作步骤：

①在刚创建的画布Canvas下单击鼠标右键添加找到UI，选择【Button】，选择后效果如图9.36所示。

图9.36

②更改Image中的图片为之前准备好的UI素材，如图9.37、图9.38所示。

图9.37

125

图9.38

③更改Image长、宽大小达到自己想要的样式。按住Shift键，拖拽小花瓣形状的一瓣，如图9.39、图9.40所示。

图9.39

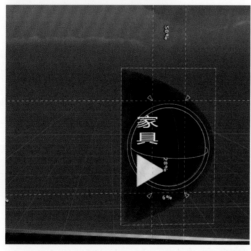

图9.40

勾选【Preserve Aspect】固定原图长宽比，如图9.41所示。

图9.41

将【Rect Transfrom】数值全部修改成"0"，保证素材完全在之前拉好的框中，如图9.42所示。

图9.42

结果如图9.43所示。

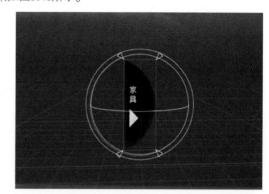

图9.43

④将UI素材固定移动到自己想要的位置，并保证UI可以自适应一切大小的屏幕。

按住Ctrl+Shift键，鼠标点住花瓣的一角进行拖拽，如图9.44、图9.45所示。

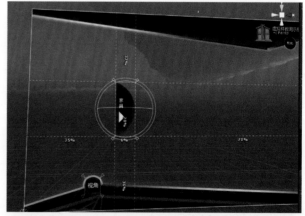

图9.44

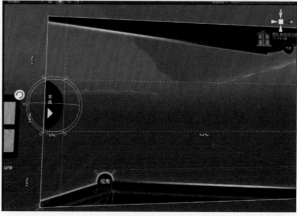

图9.45

用UGUI制作的UI不会因为屏幕大小的改变而错位，无论将Game窗口缩小还是放大，UI都会在设定好的位置，并且大小会随着屏幕的大小改变。

通过这种方式固定的UI，可以根据分辨率的大小而匹配自己的大小，且永远处于设定好的屏幕位置，很好地避免了当运行在不同电脑上时，UI过大或过小以及跑位的问题。

⑤更改Button状态。由于Button是可以点击的，所以要设置鼠标滑过、点击的不同UI状态。

设置不同的状态有利于用户体验，让用户能感受到自己正在进行的操作，UGUI提供了良好的按钮状态的设定面板，只要通过绘制好不同情形下的按钮，置入其对应的情况即可，也可以通过Button控件自带的颜色变化来区别。

如图9.46所示，left是普通状态下的按钮图片，left2则是点击时的按钮图片，根据自己的需要设置即可。

对于不可操作的背景UI，可直接在画布中创建Image，没有第五步，其他同理。

图9.46

经过一些列的摆放，最后完成一个大致的UI布局。结果如图9.47所示。

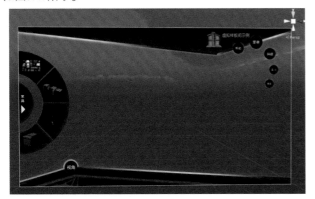

图9.47

9.3　设置摄像机

本节主要讲述了如何设置多角度摄像机，以达成多个视角的切换，在样板间的设计和制作中，游览场景是十分重要的。

9.3.1　设置自主摄像机

添加自主控制的摄像机，可通过添加角色插件来快速实现，在Project窗口下鼠标右键单击Assets目录，找到Standard Assets下的"Character Controllers"添加即可，添加后如图9.48所示。

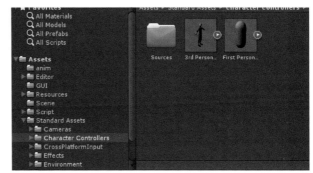

图9.48

选择第一人称控制器，拖入到自选位置，如图9.49所示。

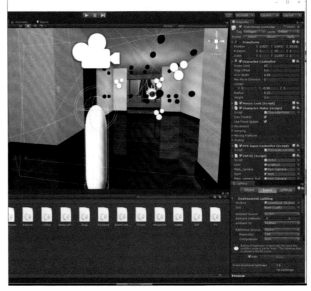

图9.49

如果需要第三人称，则在First Person Controller下添加一个第三人称视角的摄像机。

播放后，可用键盘控制摄像机移动。

角色控制器（图9.50）主要用于第三人称或第一人称游戏主角控制操作，且不使用刚体物理效果。

图9.50

Character Controller（角色控制器）的属性如下：

Height（高度）：角色的胶囊碰撞器高度。改变其大小会使碰撞器在Y轴方向两端伸缩。

Radius（半径）：胶囊碰撞器的半径长度，即碰撞器的宽度。

Slope Limit（坡度限制）：限制碰撞器后只能爬小于或等于该值的斜坡。

Step Offset（台阶高度）：角色可以迈上的最高台阶高度。

Skin width（皮肤厚度）：皮肤厚度决定了两个碰撞器可以互相渗入的深度。较大的皮肤厚度值会导致颤抖；较小的皮肤厚度值会导致角色被卡住。一个合理的设定是使该值等于半径的10%。

Min Move Distance（最小移动距离）：如果角色移动的距离小于该值，那角色就不会移动。这可以避免颤抖现象，大部分情况下该值被设为"0"。

Center（中心）：该值决定胶囊碰撞器在世界空间中的位置，并不影响角色的行动。

9.3.2 设置自动游历摄像机

①创建一个新的摄像机。在Hierarchy面板下单击鼠标右键，找到camera，点击进行添加。

②为该摄像机添加动画轨迹。点击场景中想要添加轨迹的摄像机，打开Animation面板，点击面板中的【Create】，如图9.51所示，点击后会弹出一个保存命令，为创建的轨迹动画进行命名并保存。

图9.51

保存后面板如图9.52所示。

图9.52

和传统帧动画加帧的方法一样，图9.52所示红线的地方是当前添加帧数的时间点，如果此刻更改摄像机位置，那么摄像机更改后所在的位置和旋转角度将被记录为一帧，拖动时间轴到想要添加第二帧的时间线上，再次更改摄像机位置，依次按照自己计划的轨迹添加全部帧数，播放后就会形成摄像机动画，结果如图9.53所示。

图9.53

由于该动画控制器中没有其他动画状态，所以当该摄像机在未被隐藏的状态下，播放游戏后会自动播放该段动画。当摄像机在隐藏状态时通过代码操作被打开后，也会自动加载这段动画。

9.4 编写交互及UI功能脚本

本节主要讲述了如何进行脚本的编写，以达到实现交互的效果，其中包括了与场景的交互以及与UI的交互。

9.4.1 更换地面及壁纸

下面以更换地面为例来讲解操作步骤。

鼠标点击地面，弹出"是否更换地面"的选项，点击确定后替换当前地面材质。

①设置一个bool型全局变量用于判定。

这里当button_down为true时，则说明用户正在进行普通操作，当前可以对地面进行点击操作，如果button_down的值变为false，用户退出更换地面行为后，值再变为true。

```
public class GameCoontoller
{
    public bool button_down=true; //设置一个控制true和false的参数
    public static GameCoontoller instance;
    private  GameCoontoller()
    {
    }
    public static GameCoontoller CreateInstance()
    {
        if (instance==null) {
```

```
                instance=new GameCoontoller();
        }
        return instance;
    }
}
```

②创建射线碰撞来点击触发的功能。

创建UIset的C#脚本，设置Camera参数来获取主摄像机，点击地面后，为了不对用户的操作进行干扰，要令摄像机静止，不能再随着用户的控制而改变。设置GameObject型的组，用于存放即将调用的UI。Objects用于获取当前鼠标射线所接触的模型。从鼠标发射一条射线，接触到当前碰撞，若当前碰撞tag为floor时，则获取当前碰撞的物体，将摄像机固定，并将button_down改为false，将take改为false，意在更换地面状态下，家具不可被更改。

```
using UnityEngine;
using System.Collections;
using System.Collections.Generic;
public class UIset:MonoBehaviour{
    public GameObject camera;//获取进行操作的主摄像机
    public GameObject[] UI;//GameObject型的组，在引擎中
可将需要操控的UI组件拖入该组中进行操控
    public bool button_down;//控制地面是否可以进行操作
    public static GameObject objects;//当前鼠标射线所接
触的模型
    //Use this for initialization
    void Start ()
    {
        UI [0].SetActive (false);//开始时，被置于组中
0和1位置的UI界面隐藏不显示
        UI [1].SetActive (false);
    }
    void Update ()
    {
        Ray ray=Camera.main.ScreenPointToRay
(Input.mousePosition); //从鼠标点击位置发出一道射线
        RaycastHit hit;
        button_down=GameCoontoller.CreateInstance
().button_down;//将之前GameCoontoller中设置的全局变量button_
down的值赋予UIset中设置的button_down, 此时值为true
            if (Input.GetMouseButton (0)) {//点
击左键
                if (button_down) {//如果button_
```

down为true

```
                if(Physics.Raycast(ray,
out hit, 4f)){//如果碰撞距离在4之内
                    if(hit.collider.tag=="wall")
{//如果射线碰触到tag为wall的碰撞体
                        objects=hit.collider.
gameObject;//则objects赋值为当前碰撞到的那个物体
                        UI [0].SetActive (true);
//之前被隐藏的UI[0]出现
                        GameObject. Find ("First
Person
    Controller").GetComponent<MouseLook> ().enabled=false;//关
闭First Person
    Controller下的MouseLook代码，这样视角不能再进行改变
                        camera.GetComponent<MouseLook>().
enabled=false;//摄像机上的MouseLook代码也进行关闭
                        button_down=false;//将button_down
的值改为false
                        GameCoontoller.CreateInstance().button_
down=button_down;//存入全局变量中的button_down
                        Behaver.take=false; //behaver为后期控
制家具行为的类，后面会讲到。此句意为当前情况下家具不可交互，
以免更换壁纸时，误操作点击到家具，造成麻烦
                    }
                    if(hit.collider.
tag=="floor") {//以下与更换墙纸同理，碰撞的tag为floor
                        objects=hit.collider.
gameObject;
                        UI [1].SetActive (true);
                        GameObject. Find ("First
Person
    Controller").GetComponent<MouseLook> ().enabled=false;
                        camera.GetComponent<MouseLook>().
enabled=false;
                        button_down = false;
                        GameCoontoller.CreateInstance
().button_down=button_down;
                        Behaver.take = false;
                    }
                }
            }
        }
    }
}
```

将代码拖到Main Camera上，进行图9.54所示的设置。

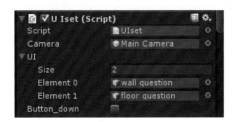

图9.54

Floor question为询问是否更换地板的UI素材object名称，初始为隐藏。

Wall question为询问是否更换壁纸的UI素材object名称，初始为隐藏。

如图9.55、图9.56所示，以地板素材为例进行展示。

图9.55

图9.56

进行Tag的编辑，选择任意模型，找到右边Inspector面板，在Tag处点击，再点击Add Tag，添加Tag，添加后如图9.57所示，添加后Tag下就会生成所添加的Tag名称，再选择要添加Tag的模型，将Tag后的untagged改为新添加的Tag，如图9.58所示。

图9.57

图9.58

将所有地板Tag设置为floor，如图9.59所示。

图9.59

创建ChangeFloor的C#脚本，设置GameObject组，用于获取需要交互的地板模型。设置Texture组，用于获取需要更换的贴图。

```
using UnityEngine;
using System.Collections;
public class ChangeFloor : MonoBehaviour
{
    public GameObject camera;
    public GameObject[] Floor;
    public float speed=1f;
    public bool button_down;
    public Texture[] texture;
    void Start ()
    {
    }
    void Update ()
    {
        button_down=GameCoontoller.CreateInstance().button_down;
    }
    public void OFF(){//更换完贴图后，点击"退出"，退出换贴图行为的方法：
        if (button_down==false) {
            iTween.MoveTo(Floor [0], Floor [2].transform.position + new Vector3(0,0,0), speed);//选择材质的UI移动到可视范围外
            GameObject.Find( "FirstPerson Controller" ).GetComponent<MouseLook>().enabled=true;//打开第一人称控制器上的MouseLook代码，鼠标又可以控制视角方向了
            camera.GetComponent<MouseLook>().enabled=true;
```

```
                button_down=true;
                GameCoontoller.CreateInstance
().button_down=button_down;
                Behaver.take=true;
            }
    }
    public void moveFloorDown ()//当询问是否更改地板时，
点击"是"，将选择界面移动下来的方法：
    {
                iTween.MoveTo (Floor[0], Floor[0].transform.
position-new Vector3 (0,643f,0), speed);//选择材质的UI移动到可视
范围内
                Floor[1].SetActive (false);//询问界面隐藏
                button_down=false;
                GameCoontoller.CreateInstance ().button_
down=button_down;
    }
    public void no_Floor() //点击"否"时调用的方法
    {
                Floor [1].SetActive (false);
                GameObject.Find( "First Person
Controller" ).GetComponent<MouseLook>().enabled=true;
                camera.GetComponent<MouseLook>().enabled
=true;
                button_down=true;
                GameCoontoller.CreateInstance().button_down
=button_down;
                Behaver.take=true;
    }
```

选择界面如图9.60所示。

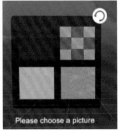

图9.60

每一个材质都对应一个替换贴图的方法，所以这里共
写了4个，从picture00到picture03。

```
    public void ChangeFloorPitcure00 ()
    {
                UIset.objects.GetComponent<Renderer>().
```

```
material.mainTexture=texture [0];//将之前通过射线碰撞获取到的
模型的material下的mainTexture赋值为texture组下的0号贴图
    }
    public void ChangeFloorPitcure01 ()
    {
                UIset.objects.GetComponent<Renderer>().
material.mainTexture= texture[1];//将之前通过射线碰撞获取到的
模型的material下的mainTexture赋值为texture组下的1号贴图
    }
    public void ChangeFloorPitcure02 ()
    {
                UIset.objects.GetComponent<Renderer>().
material.mainTexture=texture [2];将之前通过射线碰撞获取到的
模型的material下的mainTexture赋值为texture组下的2号贴图
    }
    public void ChangeFloorPitcure03 ()
    {
                UIset.objects.GetComponent<Renderer>().
material.mainTexture=texture [3];将之前通过射线碰撞获取到的
模型的material下的mainTexture赋值为texture组下的3号贴图
    }
```

将这些方法利用Button自带的On Click功能触发，选择
想要触发方法的Button，右侧属性面板中可以找到On Click
组件，进行图9.61至图9.63所示的设置。

图9.61

图9.62

图9.63

更换壁纸材质同理。更换壁纸的代码：

```
using UnityEngine;
using System.Collections;
using System .Collections.Generic;
public class ChangePitcure : MonoBehaviour {
```

```
public GameObject camera;
public GameObject[] Wall;
public float speed=1f;
public bool button_down;
//public bool stop;
public Texture[] texture;
// Use this for initialization
void Start () {
}
// Update is called once per frame
void Update () {
        button_down=GameCoontoller.CreateInstance
().button_down;
        }
    public void OFF(){
        if (button_down==false) {
        iTween.MoveTo (Wall [0], Wall [1].transform.
position + new Vector3 (0, 0, 0), speed);
        GameObject.Find ( "First Person
Controller" ).GetComponent<MouseLook> ().enabled=true;
        camera.GetComponent<MouseLook> ().enabled
=true;
        button_down=true;
        GameCoontoller.CreateInstance ().button_
down=button_down;
                Behaver.take=true;
        }
    }
    public void moveWallDown()
    {
        iTween.MoveTo (Wall [0], Wall [0].transform.
position-new Vector3 (-633, 0, 0), speed);
        Wall [2].SetActive (false);
        button_down=false;
        GameCoontoller.CreateInstance ().button_
down=button_down;
    }
    public void no_wall()
    {
        Wall [2].SetActive (false);
        GameObject.Find( "First Person
    Controller" ).GetComponent<MouseLook>().enabled=true;
        camera.GetComponent<MouseLook>().enabled=
```

```
true;
        button_down=true;
        GameCoontoller.CreateInstance ().button_
down=button_down;
                Behaver.take=true;
        }
    public void ChangeWallPitcure00()
    {
        UIset.objects.GetComponent<Renderer>().
material.mainTexture=texture [0];
        }
    public void ChangeWallPitcure01()
    {
        UIset.objects.GetComponent<Renderer>().
material.mainTexture=texture[1];
        }
    public void ChangeWallPitcure02()
    {
        UIset.objects.GetComponent<Renderer>().
material.mainTexture=texture [2];
        }
    public void ChangeWallPitcure03()
    {
        UIset.objects.GetComponent<Renderer>().
material.mainTexture=texture [3];
        }
    public void ChangeWallPitcure04()
    {
        UIset.objects.GetComponent<Renderer>().
material.mainTexture=texture [4];
        }
}
```

9.4.2 创建新家具

创建一个新的脚本。设置一个浮点型的距离参数，以此设置家具出现时离摄像机的距离；一个用于获取家具的物体cube；X，Y为获取鼠标点击时的位置参数；clickp用于获取家具出现的位置（生成家具的方法还有很多种，不必局限于本案例的一种想法）。

```
using UnityEngine;
using System.Collections;
public class distanceFromCamera:MonoBehaviour
{
```

public float distance;//可在引擎中设置的距离参数，决定家具出现在距离摄像机多远的地方

public GameObject cube;//用于获取家具模型

private float X;

private float Y;

private Vector3 clickP;

void Start ()

{

}

void Update ()

{

X=Input.mousePosition.x;//点击获取当前鼠标的x参数赋值给X

Y=Input.mousePosition.y;//点击获取当前鼠标的y参数赋值给Y

clickP=Camera.main.ScreenToWorldPoint (new Vector3 (X, Y, distance));//家具出现的具体坐标

}

//分别添加4个家具的方法，将可以添加的物体放在摄像机拍摄不到的地方

public void BookRow01(){

cube=GameObject.Find("BookRow01");//BookRow01为家具模型的名称

Instantiate (cube, clickP, Quaternion.identity);//克隆出新的该物体在clickp位置处，无旋转

}

public void photo(){

cube=GameObject.Find("photo");

Instantiate (cube, clickP, Quaternion.identity);

}

public void cap(){

cube=GameObject.Find("cap");

Instantiate (cube, clickP, Quaternion.identity);

}

public void box(){

cube=GameObject.Find("box");

Instantiate (cube, clickP, Quaternion.identity);

}

}

Furn为家具添加所需要用到的UI元素，1、2、3、4各为

4个添加家具按钮，如图9.64所示。

图9.64

在场景中的效果如图9.65所示。

图9.65

在对应的按钮下添加On Click()事件，根据图9.66对4个按钮进行4个家具的设置。

图9.66

将代码绑在任意处，调节Distance来控制新增家具与摄像机的距离，如图9.67所示。

图9.67

此时点击按钮后，可在距离摄像机5个单位的地方出现所选择的家具。

9.4.3　移动家具

创建一个新的脚本，当鼠标移动到可交互家具上时鼠标光标改变；click_Furniture判定是否点击了该家具；over_Furniture判定鼠标是否经过了该家具；pos储存鼠标位置；move判定是否在可移动状态下；done判定是否完成

动作；take判定当前家具是否可以操作；main_camera为了调用UIset代码；GuiSkin为GUI提供样式。

```
using UnityEngine;
using System.Collections;
public class Behaver : MonoBehaviour {
    public Texture mouseTexture; //鼠标样式
    public bool click_Furniture; //是否点击了该家具
    public bool over_Furniture; //鼠标是否经过了该家具
    public Vector3 pos; //储存鼠标位置
    private bool move; //当前家具是否可移动
    private bool done; //当前交互动作是否完成
    public GameObject main_camera;//存放UIset.cs所在物
体，用于调用UIset中的参数
    public GUISkin GuiSkin;//GUI样式
    public static bool take;//全局变量，是否可以进行家具
交互，在更换墙纸和地板的教学中有所使用
    // Use this for initialization
    void Start () {
        over_Furniture=false;
        move=false;
        done=false;
        take=true;
    }
```

编写鼠标的不同状态所触发的行为。OnMouseOver为当鼠标经过，OnMouseExit为当鼠标离开，OnMouseDown为当鼠标点击。点击当前可交互物体后，关闭更换地板及墙纸功能，点击家具为true，获取当前点击的鼠标位置，在当前位置绘制GUI菜单。

```
    void OnMouseOver(){//当鼠标经过该物体
        if(take == true){
            over_Furniture = true;
        }
    }
    void OnMouseExit(){//当鼠标离开该物体
        over_Furniture = false;
    }
    void OnMouseDown(){//鼠标点击到该物体
        if(take == true){//如果家具可点击
        main_camera.GetComponent<UIset>().enabled
= false;//关闭摄像机上的UIset代码
            click_Furniture = true;
            pos = Input.mousePosition;//记录当前点击的
坐标
    }
}
void OnGUI(){//GUI界面的设置
{
    GUI.skin=GuiSkin;//使用GUISkin
    if (over_Furniture==true) {//当划过家具更换
鼠标样式
        Vector3 mousePos=Input.
mousePosition;
        GUI.DrawTexture(new Rect
(mousePos.x, Screen.height-mousePos.y, mouseTexture.width,
mouseTexture.height), mouseTexture);
    }
    if(click_Furniture==true&&done==false){ //
当家具已点击且还没在交互过程中时
        if(GUI.Button(new Rect(pos.x,
Screen.height-pos.y,50,30), "删除" )){//删除按钮功能
            click_Furniture=false;
            main_camera.GetComponent
<UIset>().enabled=true;
            gameObject.SetActive(false);
        }
        if(GUI.Button(new Rect(pos.x,
Screen.height-pos.y-61,50 ,30 ), "移动" )){//移动按钮功能
            click_Furniture=false;
            gameObject.AddComponent
<MouseCtrl>().enabled=true;//添加MouseCtrl代码，该代码在后面会
贴出，绑在想要操控的物体上，就可以通过鼠标拖拽该物体移动。
            done=true;//点击移动
后，就进入正在交互的状态中，在点击确定移动位置以前，done为
true，意味着不能进行删除等其他操作，以免操作重合
        }
        if(GUI.Button(new Rect(pos.x,
Screen.height-pos.y-31,50 ,30 ), "旋转" )){//旋转按钮功能，同
移动
            click_Furniture=false;
            gameObject.AddComponent
<roated> ().enabled=true;//添加roated代码，该代码在后面会贴
出，绑在想要操控的物体上，就可以通过鼠标拖拽该物体旋转
            done=true;
        }
        if(GUI.Button(new Rect(pos.x,
Screen.height-pos.y+31,50,30), "取消" )){//取消按钮功能
```

```
                        click_Furniture=false;
                        main_camera.GetComponent
<UIset>().enabled=true;
                    }
                }
                if (done==true) {//当正在移动或旋转模式下
                    if(GUI.Button(new Rect(pos.x,
Screen.height-pos.y-31,50,30), "确认")){点击确认按钮功能
                        Destroy(gameObject.
GetComponent("MouseCtrl"));//移除移动用代码,下面为移除旋转
用代码
                        Destroy(gameObject.
GetComponent("roated"));
                        done=false;
                    }
                }
            }
        }
```

MouseCtrl、Roated分别为拖拽物体移动和拖拽物体旋转代码,现另外创建。当点击移动或旋转时,AddComponent自动添加该代码到该物体上,开始发挥效用。

MouseCtrl移动物体用代码:

```
using UnityEngine;
using System.Collections;
public class MouseCtrl : MonoBehaviour {
    private Vector3 TargetScreenSpace;// 目标物体的屏幕
空间坐标
    private Vector3 TargetWorldSpace;// 目标物体的世界空
间坐标
    private Transform trans;// 目标物体的空间变换组件
    private Vector3 MouseScreenSpace;// 鼠标的屏幕空间坐
标
    private Vector3 Offset;// 偏移
    // Use this for initialization
    void Start () {
    }
    // Update is called once per frame
    void Update () {
    }
    void Awake() { trans=transform; }
    IEnumerator OnMouseDown( )
    {
        // 把目标物体的世界空间坐标转换到它自身的
屏幕空间坐标
        TargetScreenSpace=Camera.main.
WorldToScreenPoint(trans.position);
        // 存储鼠标的屏幕空间坐标(Z值使用目标物
体的屏幕空间坐标)
        MouseScreenSpace=new Vector3(Input.
mousePosition.x, Input.mousePosition.y, TargetScreenSpace.z);
        // 计算目标物体与鼠标物体在世界空间中的偏
移量
        Offset=trans.position-Camera.main.ScreenToWorldPoint(Mous
eScreenSpace);
        // 鼠标左键按下
        while (Input.GetMouseButton(0)) {
            // 存储鼠标的屏幕空间坐标(Z值使
用目标物体的屏幕空间坐标)
            MouseScreenSpace=new Vector3(Input.
mousePosition.x, Input.mousePosition.y, TargetScreenSpace.z);
            // 把鼠标的屏幕空间坐标转换到世
界空间坐标(Z值使用目标物体的屏幕空间坐标),加上偏移量,
以此作为目标物体的世界空间坐标
            TargetWorldSpace=Camera.main.Scre
enToWorldPoint(MouseScreenSpace)+Offset;
            // 更新目标物体的世界空间坐标

            trans.position=TargetWorldSpace;
            // 等待固定更新
            yield return new WaitForFixedUpdate();
        }
    }
}
```

Roated

```
using UnityEngine;
using System.Collections;
public class roated : MonoBehaviour {
    private bool roate;
    private float RoatedSpeed=50.0F;
    void Start () {
        roate=false;
    }
    // Update is called once per frame
    void Update () {
        if(Input.GetMouseButton(0))
        {
```

```
                              float y=0;
                              y=Input.GetAxis( "Mouse X" )
*RoatedSpeed*Time.deltaTime;
                              if(roate)
                              {
                                      gameObject.transform.
Rotate(new Vector3(0,y,0));
                              }
                      }
              void OnMouseDown()
              {
                      roate=true;
                      Debug.Log( "collider" );
              }
              void OnMouseUp()
              {
                      roate=false;
                      Debug.Log( "Out of collider" );
              }
      }
```

Select（GUISkin）通过在Project面板下，单击鼠标右键进行添加和命名操作，在右侧的面板中调整想要的样式，过程如图9.68所示。

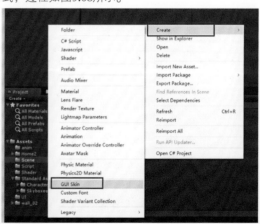

图9.68

将Behaver代码绑到所需要交互的家具上，进行图9.69所示的设置。

图9.69

此时点击绑定了代码的家具，可进行操作。操作效果如图9.70至图9.72所示。

图9.70

图9.71

图9.72

9.4.4 切换镜头及退出等UI控制

点击【视角】按钮，分别播放从三个不同视角滑出的动画。完成效果如图9.73、图9.74所示。

图9.73

图9.74

首先设置好按钮的动画，和之前设置摄像机动画一样，选择想要编辑动画的UI，设置第一帧所在位置和最后一帧所在位置即可，点击【视角】按钮时播放这些动画，如图9.75所示。

```
camera_get=false;
UIopen=false;
}
// Update is called once per frame
void Update ()
{
    if (UIopen==false) {
    }
}
public void FurnitureUI () //控制家具UI的状态开
{
    GameObject.Find( "yes" ).SetActive (false);
    main_camera.GetComponent<UIset>().enabled
=false;
```

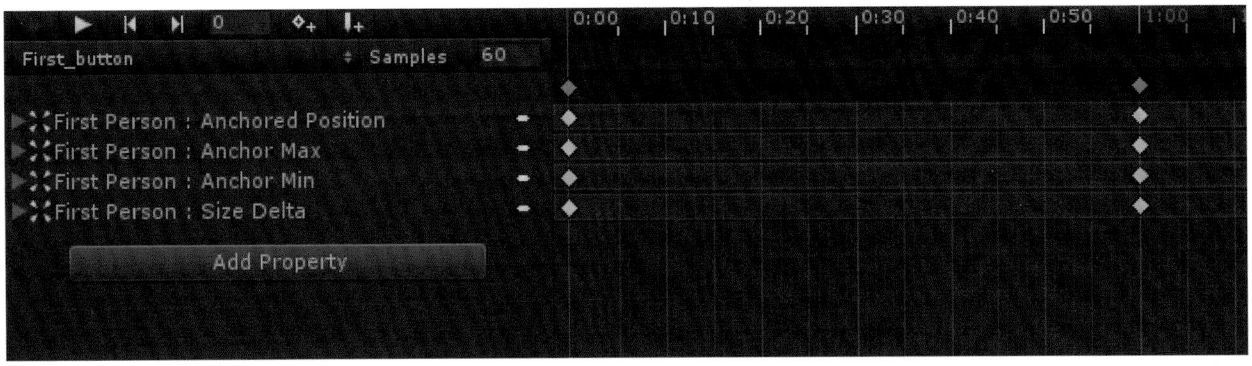

图9.75

编写点击【视角】按钮时播放动画的方法。

```
using UnityEngine;
using System.Collections;
public class CtrlUI : MonoBehaviour
{
    public GameObject user;
    public GameObject main_camera;
    public GameObject next;
    public GameObject main_camera_first;
    public GameObject main_camera_3rd;
    public GameObject show_camera;
    public GameObject UI;
    private bool UIopen;
    public static bool camera_get;
    public GameObject Furn_menu;
    public GameObject call_menu;
    // Use this for initialization
    void Start ()
    {
```

```
    //GameCoontoller.CreateInstance().button_
down=false;
    Furn_menu.SetActive (true);
    //gameObject.AddComponent<distanceFromCam
era> ();
    }
    public void FurnitureUIoff() //控制家具UI的状态关
    {
    call_menu.SetActive (true);
    //GameCoontoller.CreateInstance ().button_
down=true;
    main_camera.GetComponent<UIset>().enabled
=true;
    Furn_menu.SetActive (false);
    }
    //第一人称、第三人称和自动游历按钮的动画控制，当按下视
角按钮的时候调用
    public void Camera_first_do ()
    {
```

```
                Animator anim;
                anim=GameObject.Find( "First Person" ).
GetComponent<Animator>();
                if (camera_get==false) {
                        anim.SetBool( "camera_menu",
true);
                }
        }
        public void Camera_3rd_do ()
        {
                Animator anim;
                anim=GameObject.Find ( "3rd Person" ).
GetComponent<Animator> ();
                if (camera_get==false) {
                        anim.SetBool( "camera_menu",
true);
                }
        }
        public void Camera_show_do ()
        {
                Animator anim;
                anim=GameObject.Find( "camera_show" ).
GetComponent<Animator> ();
                if (camera_get==false) {
                        anim.SetBool( "camera_menu",
true);
                }
        }
        //当按下自动游历按钮后调用的方法:
        public void Camera_show_on(){
                user.SetActive(false);
                transform.GetComponent<CharacterController
> ().enabled = false;
                main_camera_first.SetActive (false);
                main_camera_3rd.SetActive (false);
                show_camera.SetActive (true);
                UI.SetActive (false);
                Animator anim;
                anim=GameObject.Find ( "First Person" ).
GetComponent<Animator>();
                if (camera_get==false) {
                        anim.SetBool( "camera_menu",
false);
```

```
        }
                Animator anim1;
                anim1=GameObject.Find( "3rd Person" ).
GetComponent<Animator>();
                if (camera_get==false) {
                        anim1.SetBool( "camera_menu",
false);
                }
                Animator anim2;
                anim2=GameObject.Find( "camera_show" ).
GetComponent<Animator> ();
                if (camera_get==false) {
                        anim2.SetBool( "camera_menu",
false);
                }
        }
        //当按下第一人称按钮后调用的方法:
        public void Camera_first_on(){
                user.SetActive(false);
                transform.GetComponent<CharacterController
> ().enabled = true;
                main_camera_first.SetActive (true);
                main_camera_3rd.SetActive (false);
                show_camera.SetActive (false);
                UI.SetActive (true);
                Animator anim;
                anim = GameObject.Find( "First Person" ).
GetComponent<Animator> ();
                if (camera_get==false) {
                        anim.SetBool( "camera_menu",
false);
                }
                Animator anim1;
                anim1=GameObject.Find( "3rd Person" ).
GetComponent<Animator> ();
                if (camera_get==false) {
                        anim1.SetBool( "camera_menu",
false);
                }
                Animator anim2;
                anim2=GameObject.Find( "camera_show" ).
GetComponent<Animator> ();
                if (camera_get==false) {
```

```
                anim2.SetBool( "camera_menu",
false);
            }
        }
//当按下第三人称按钮后调用的方法：
        public void Camera_3rd_on(){
            user.SetActive(true);
            GameCoontoller.CreateInstance ().button_
down=true;
            transform.GetComponent<CharacterController
> ().enabled=true;
            main_camera_first.SetActive (false);
            main_camera_3rd.SetActive (true);
            show_camera.SetActive (false);
            UI.SetActive (true);
            Animator anim;
            anim=GameObject.Find ( "First Person" ).
GetComponent<Animator> ();
            if (camera_get==false) {
                anim.SetBool ( "camera_menu",
false);
            }
            Animator anim1;
            anim1=GameObject.Find ( "3rd Person" ).
GetComponent<Animator> ();
            if (camera_get==false) {
                anim1.SetBool ( "camera_menu",
false);
            }
            Animator anim2;
            anim2=GameObject.Find ( "camera_show" ).
GetComponent<Animator> ();
            if (camera_get==false) {
                anim2.SetBool( "camera_menu",
false);
            }
        }
    public void up(){
        next.SetActive(true);
    }
    public void Back(){
        next.SetActive(false);
    }
```

```
    public void Exit(){
        Application.Quit();
    }
    public void Example(){
        Application.LoadLevel(1);
    }
}
```

在视角按钮的On Click()事件中编辑，进行图9.76所示的设置。

图9.76

点击出现的三个按钮，则切换到不同视角的镜头。以切换到自动游历镜头为例来讲解。

写好当点击自动游历按钮后触发的方法：根据需求，关闭角色模型、角色控制器、第一人称摄像机以及第三人称摄像机，打开自动游历摄像机show_camera，关闭全部UI界面，并关闭三个按钮弹出的动画，防止切换后再播放一次三个按钮弹出的动画。

在自动游历按钮中的On Click()事件中调用，进行图9.77所示的设置。

图9.77

在第三人称按钮中的On Click()事件中调用，进行图9.78所示的设置。

图9.78

在第一人称按钮中的On Click()事件中调用，进行图9.79所示的设置。

图9.79

139

其他按钮的动画及操作同理。

9.4.5　家具交互开发

和道具的交互无非以下几种：

①更换状态图片，比如开关电视；

②更换灯光强度，比如开关灯等；

③做一个交互的动画，比如坐在椅子上、弹钢琴、躺在床上、开关门等。

这里做了一个打开、关闭电视的交互，如图9.80至图9.82所示。

图9.80

图9.81

图9.82

该操作代码与其他家具的移动、旋转、删除等功能同理，只是多添加了一个使用的功能，进行了电视机贴图的替换。

```
using UnityEngine;
using System.Collections;
public class TV : MonoBehaviour {
    public Texture mouseTexture;
    public bool click_Furniture;
    public bool over_Furniture;
    public Vector3 pos;
    private bool move;
    private bool done;
    public bool TV_can_use;
    private bool TV_Open;
    public Texture textures;
    public GUISkin GuiSkin;
    // Use this for initialization
    void Start () {
            over_Furniture=false;
            move=false;
            done=false;
            TV_Open=false;
    }
    // Update is called once per frame
    void Update () {
    }
    void OnMouseOver(){
            over_Furniture=true;
    }
    void OnMouseExit(){
            over_Furniture=false;
    }
    void OnMouseDown(){
            GameCoontoller.CreateInstance ().button_
down=false;
            Debug.Log ("aa");
            click_Furniture=true;
            pos=Input.mousePosition;
    }
    void OnGUI()
    {
            GUI.skin=GuiSkin;
            if (over_Furniture==true) {
                Vector3 mousePos=Input.mousePosition;
                GUI.DrawTexture (new Rect (mousePos.
x, Screen.height-mousePos.y, mouseTexture.width, mouseTexture.
height), mouseTexture);
            }
```

```
if (click_Furniture==true&&done==false) {
        if(GUI.Button (new Rect (pos.x,
Screen.height-pos.y+31,50,30), "取消")) {
                click_Furniture=false;
                GameCoontoller.CreateInstance
().button_down=true;
                }

        if(TV_can_use==true&&TV_Open==
false){
                if(GUI.Button (new Rect
(pos.x, Screen.height-pos.y+61,50,30), "使用")) {//该段代码的重
点,点击使用后找到将obj_031物体(电视机模型的屏幕)的贴图
替换
    GameObject.Find( "obj_031" ).GetComponent<Renderer>().
material.mainTexture=Resources.Load( "Music/21" ) as Texture;//
从资源中的Music路径下读取名为21的材质赋予boj_031
                        click_Furniture
=false;
                GameCoontoller.CreateInstance
().button_down=true;
                        TV_Open=true;
                        }
                }

        if(TV_can_use==true&&TV_Open
==true){
                if (GUI.Button (new Rect
(pos.x, Screen.height-pos.y+61,50,30), "关闭")) {

                GameObject.
Find( "obj_03 1" ).GetComponent<Renderer>().material.
mainTexture=Resources.Load( "Music/Moon" ) as Texture;
                        click_Furniture
=false;
                GameCoontoller.CreateInstance
().button_down = true;
                        TV_Open=false;
                        }
                }
        }
    }
}
```

9.4.6　样板间全景三维透视展示

如图9.83所示,在该项目中存在许多按钮,在讲解视角按钮的代码中,也有切换场景的代码,这里讲一下点击【样板】按钮后发生的一些功能。

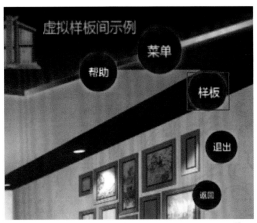

图9.83

点击【样板】按钮,我们写了一个跳转场景。新场景效果如图9.84、图9.85所示。

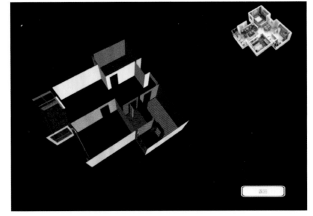

图9.84

图9.85

将没有屋顶和家具的模型置入新场景,配一张样板间的图即可,这样有利于用户透彻地观看整个户型的结构。

将可拖拽的功能代码加入模型，可以拖动场景，以各种角度观看样板间。

```
using UnityEngine;
using System.Collections;
public class Drag : MonoBehaviour
{
        public GameObject furniture;
        private Vector3 TargetScreenSpace;// 目标物体的屏幕空间坐标
        private Vector3 TargetWorldSpace;// 目标物体的世界空间坐标
        private Transform trans;// 目标物体的空间变换组件
        private Vector3 MouseScreenSpace;// 鼠标的屏幕空间坐标
        private bool get;
// Use this for initialization
void Start ()
{
        get=false;
}
//private Ray ray;
// Update is called once per frame
void Update ()
{
        if (Input.GetMouseButton (0)) {
                Shot ();
        }
}
void Shot ()
{
        RaycastHit[] hits;
        Ray ray=Camera.main.ScreenPointToRay (Input.mousePosition);
        Debug.DrawRay (Camera.main.transform.position, ray.direction, Color.blue);
        hits=Physics.RaycastAll (Camera.main.transform.position, ray.direction, 1000);
        int i=0;
        while (i < hits.Length) {
                RaycastHit hit;
                hit=hits [i];
                if (hit.collider.tag== "furniture")
{
```

```
                        furniture= GameObject.Find( "Cube" );
                }
                if (hit.collider.tag== "screen" ) {
                        furniture.transform.position=hit.point; //point是个坐标
                }
                i++;
        }
    }
}
```

9.5 添加背景音乐

在摄像机上添加Audio Source控件，将自己所需的音乐加入，若当前摄像机存在的时候，就会播放音乐。

如需要音乐循环，则勾选【Loop】，如图9.86所示。

图9.86

9.6 发布程序

点击File→Build Settings，如图9.87所示。

图9.87

选择要发布的平台和需要发布的场景，点击【PlayerSettings】设置发布参数，如图9.88所示。

根据需求设置Icon和鼠标样式。

最后选择Build，然后选择打包发布的路径，完成发布，如图9.89所示。

最后的成品截图如图9.90至图9.92所示。

图9.88

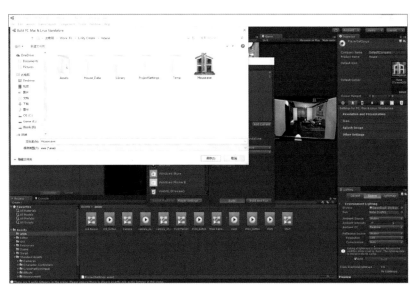

图9.89

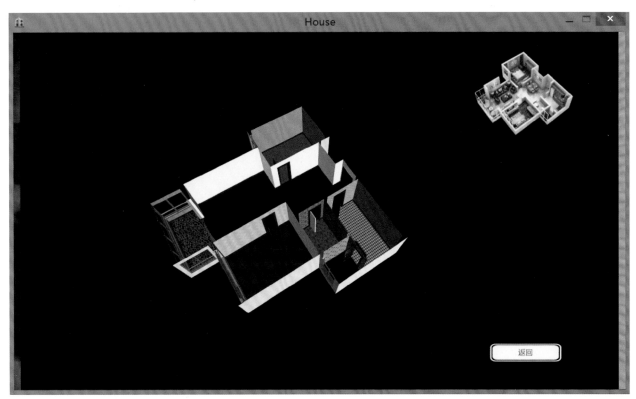

图9.90

图9.91

图9.92

参考文献

[1]马遥，沈琰．Unity3D 脚本编程与游戏开发[M]．北京：人民邮电出版社，2021．

[2]中公教育优就业研究院．数字视觉与虚拟交互自学指南：Unity3D 从理论到实战[M]．西安：陕西科学技术出版社，2020．

[3]盛斌，鲍健运，连志翔．虚拟现实理论基础与应用开发实践[M]．上海：上海交通大学出版社，2019．

[4]薛亮．虚拟现实与媒介的未来[M]．北京：光明日报出版社，2019．

[5]周晓成，张煜鑫，冷荣亮．虚拟现实交互设计[M]．北京：化学工业出版社，2016．

[6]赵一飞，杨旺功．虚拟现实交互设计在实践教学中的应用研究[J]．北京印刷学院学报，2017（7）：113-114，118．

[7]杨旺功，赵一飞．浅析基于增强现实的新空间艺术审美体验[J]．北京印刷学院学报，2015（1）：46-48．